一・鵝蛋形臉型

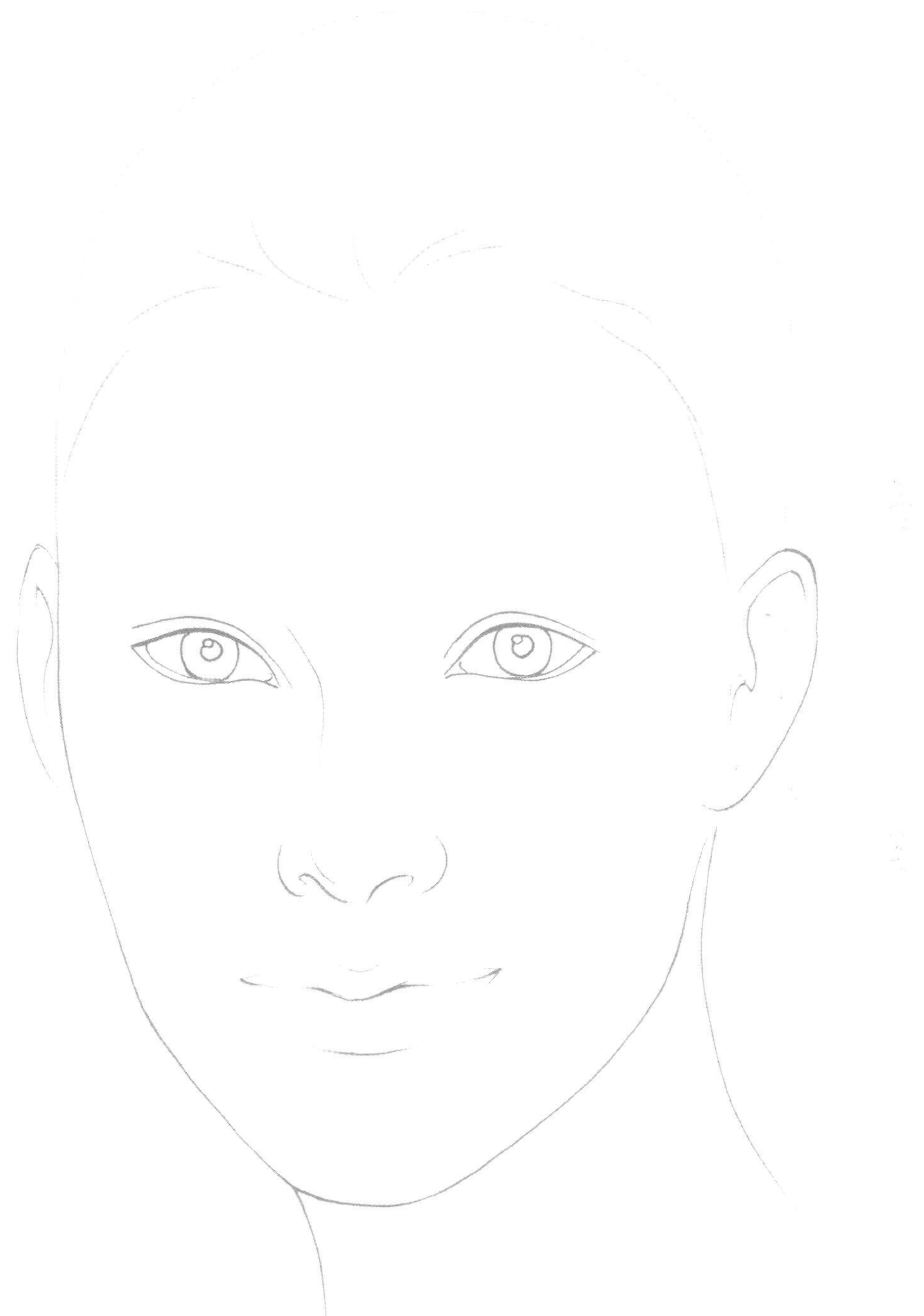

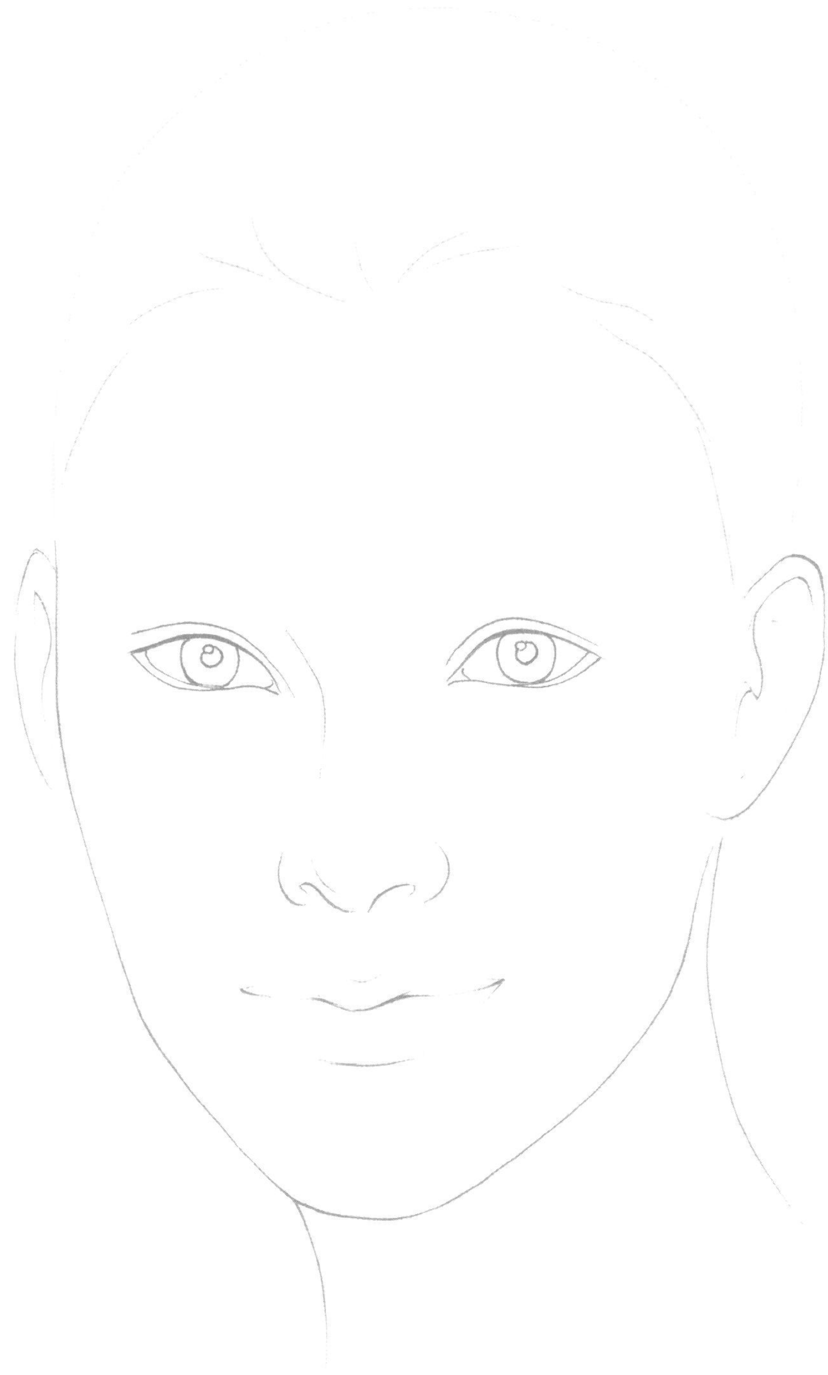

一・鵝蛋形臉型

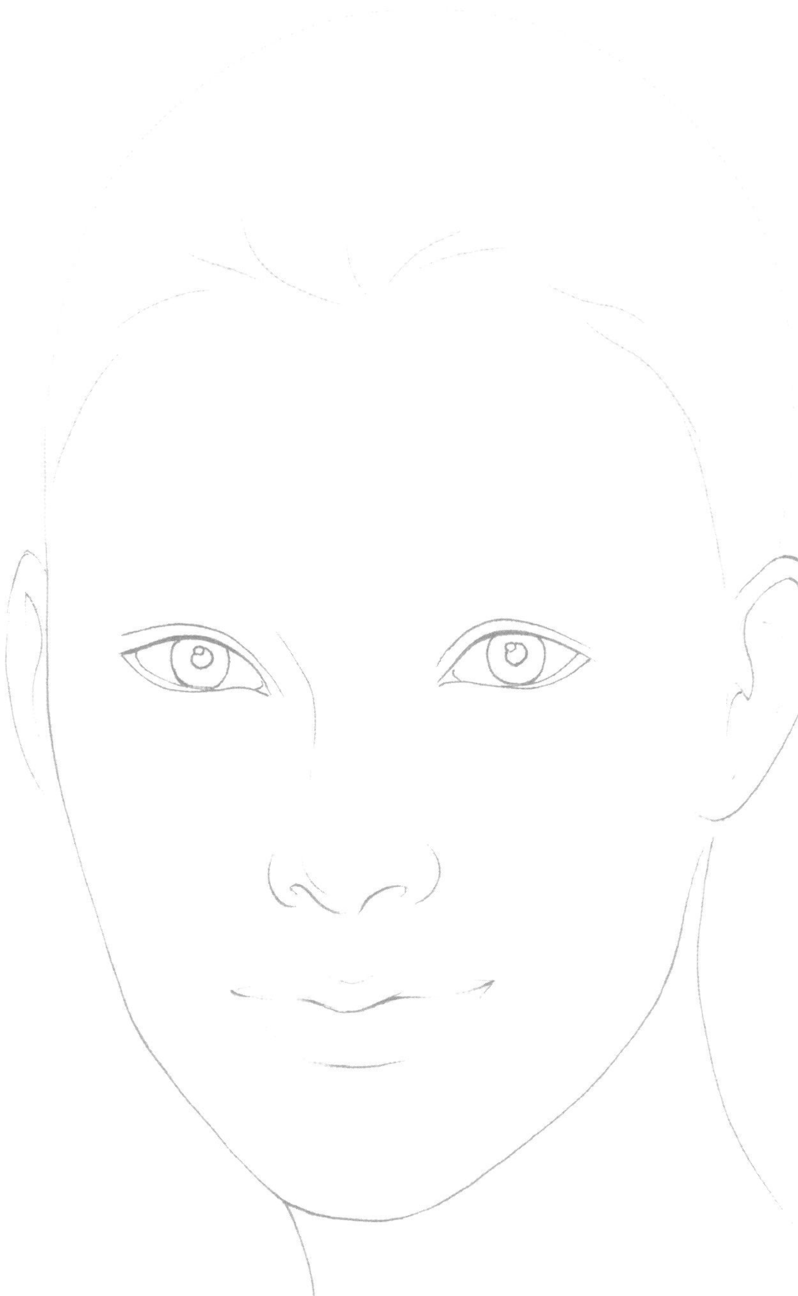

一・鵝蛋形臉型

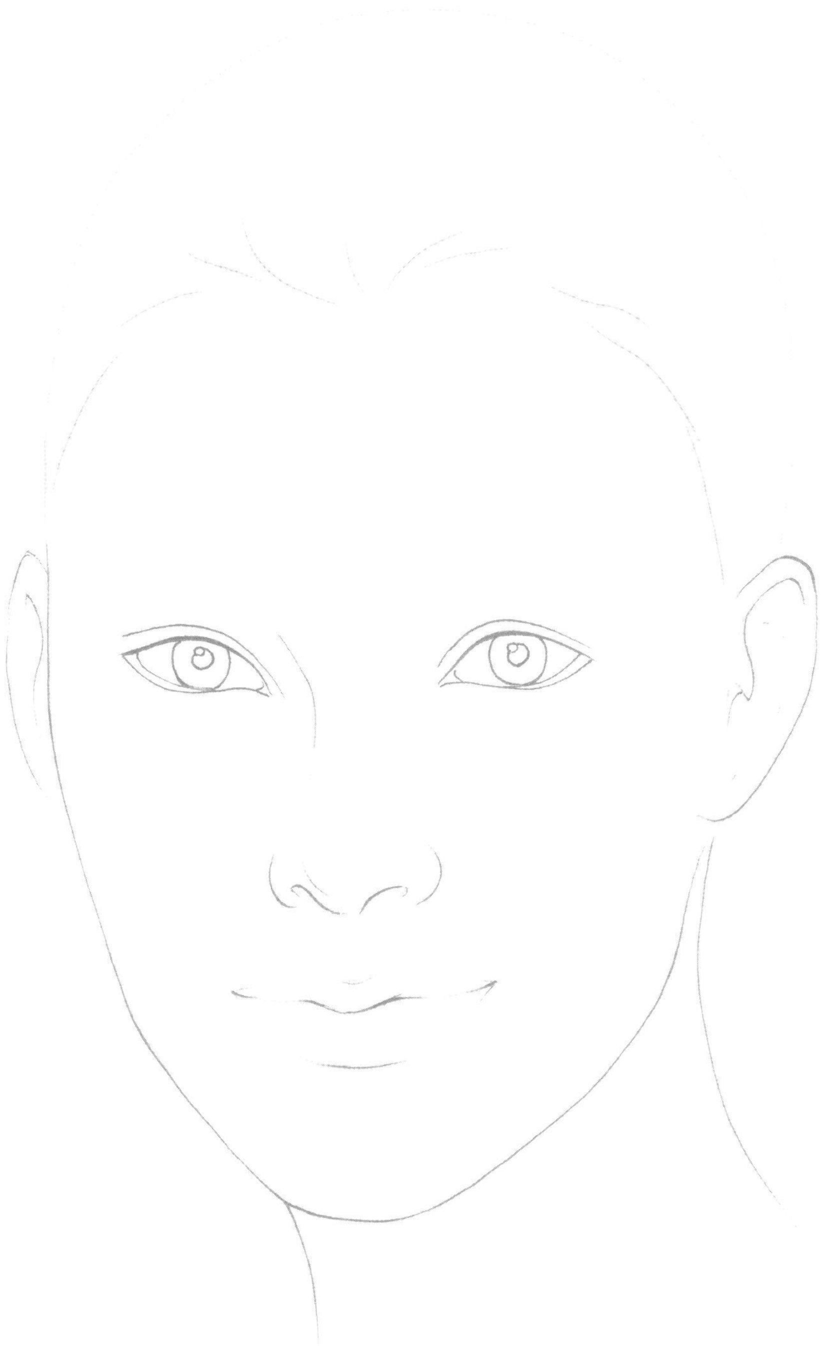

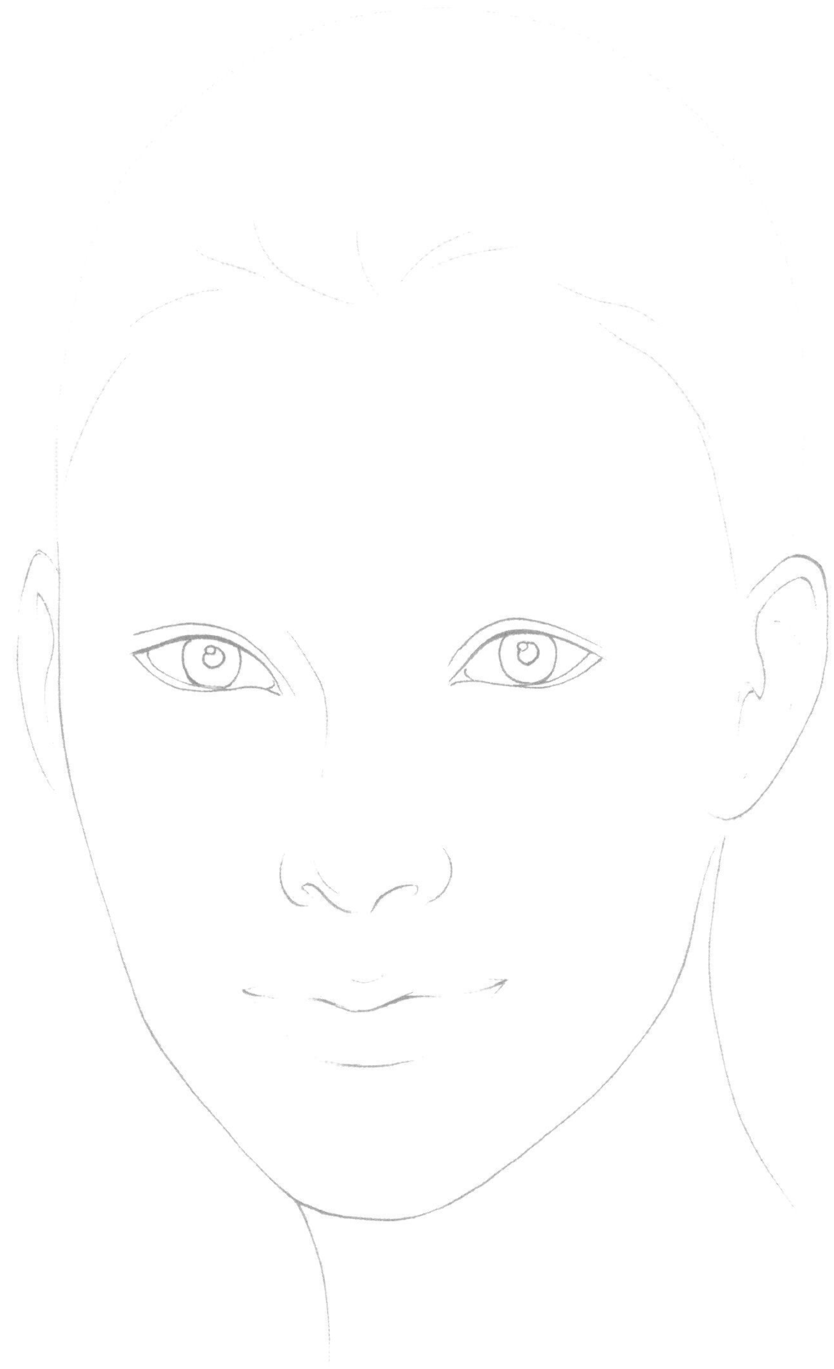

一・鵝蛋形臉型

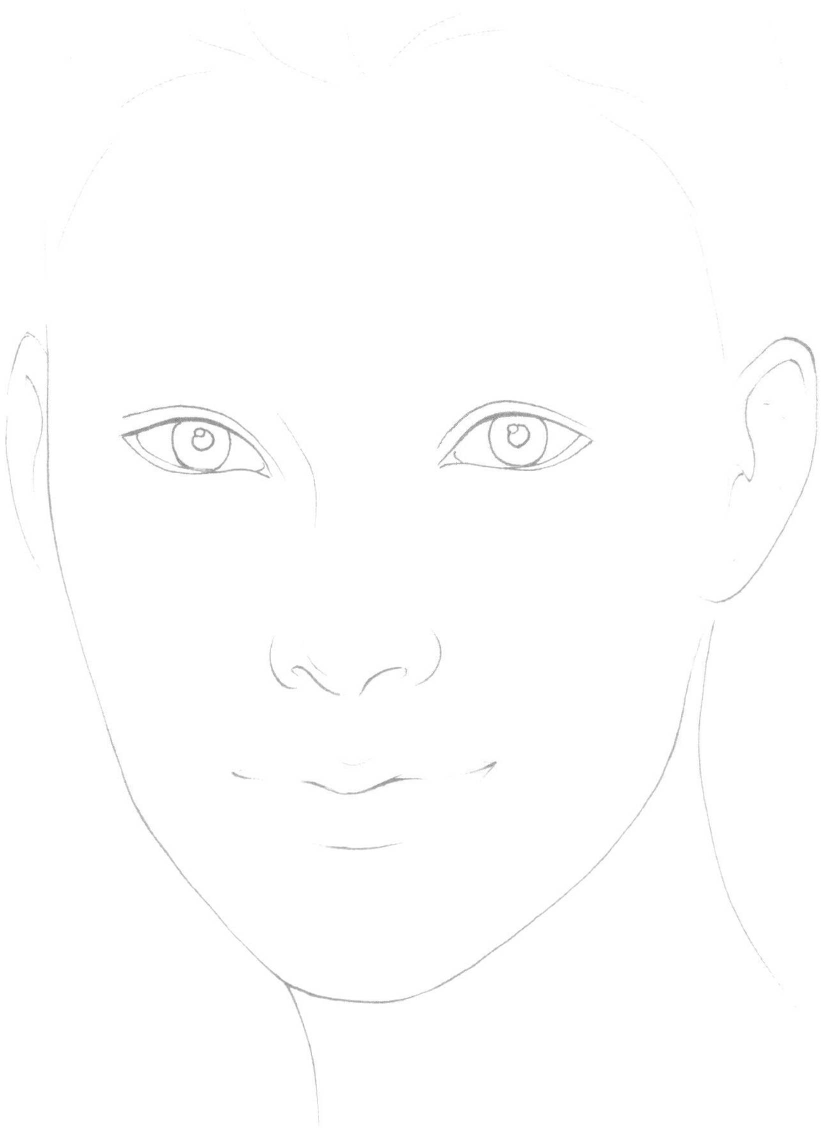

二、圓形臉型

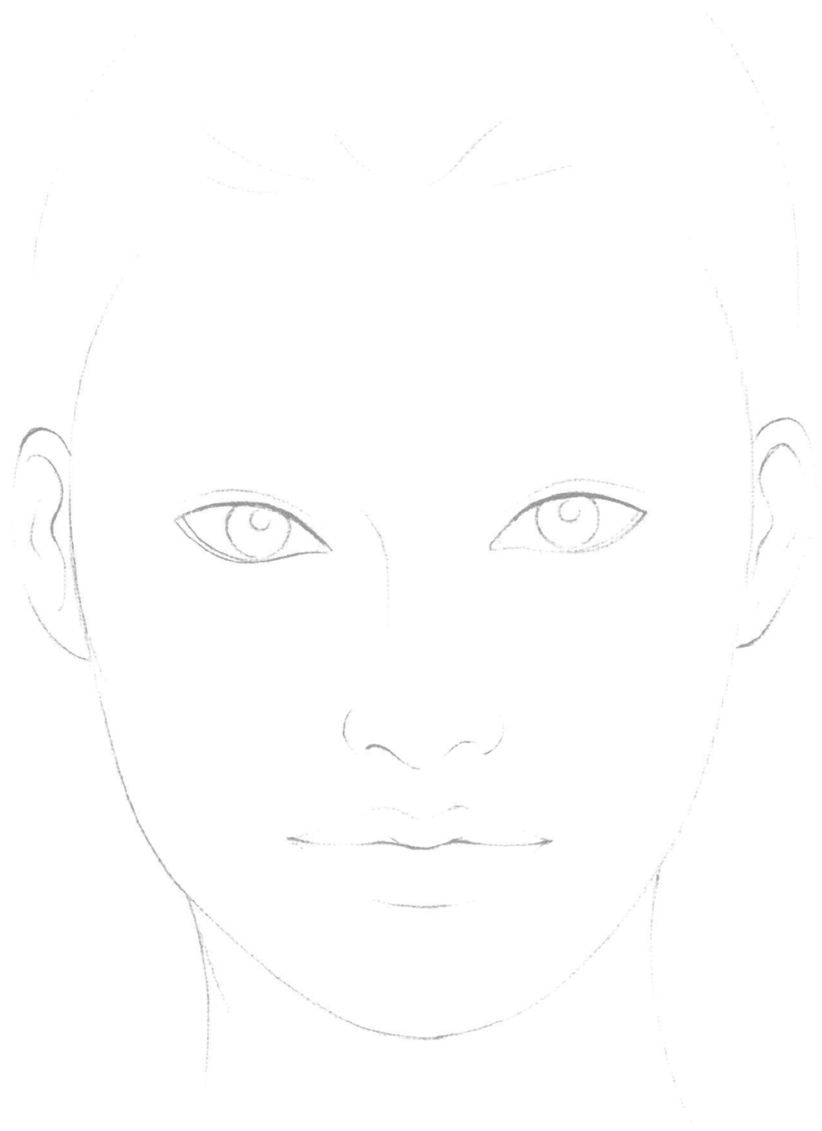

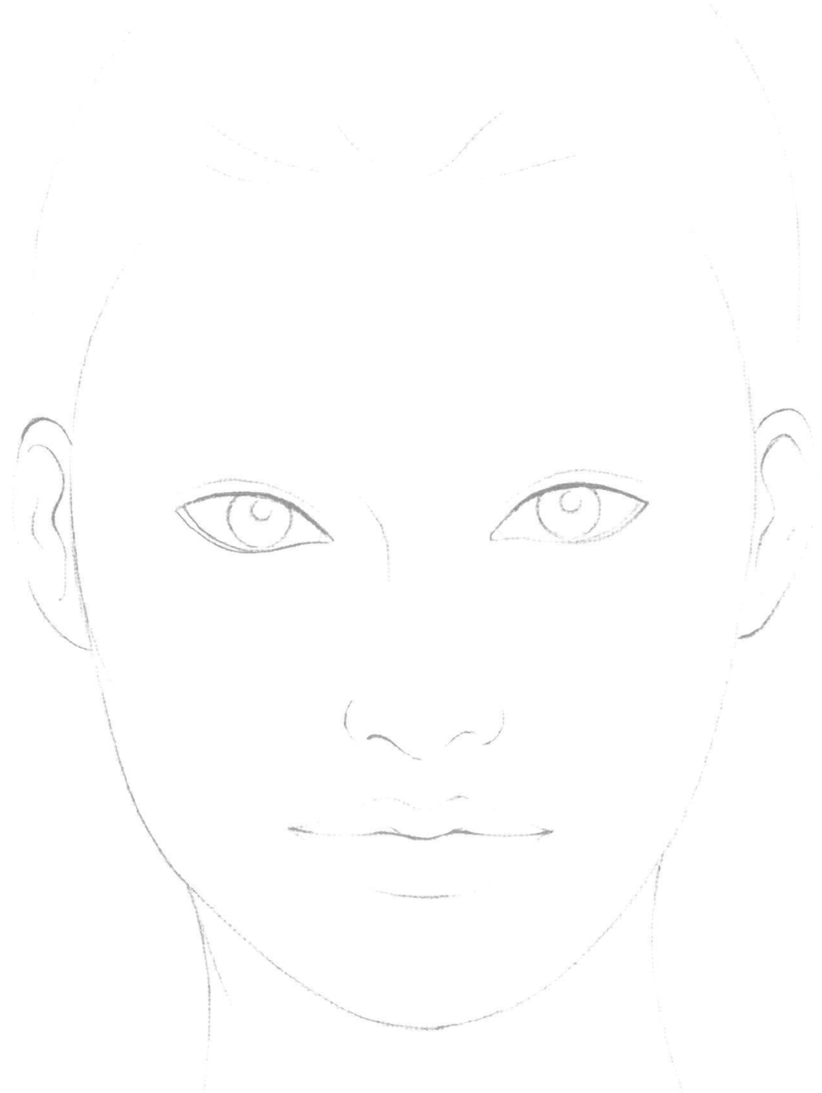

二、圓形臉型

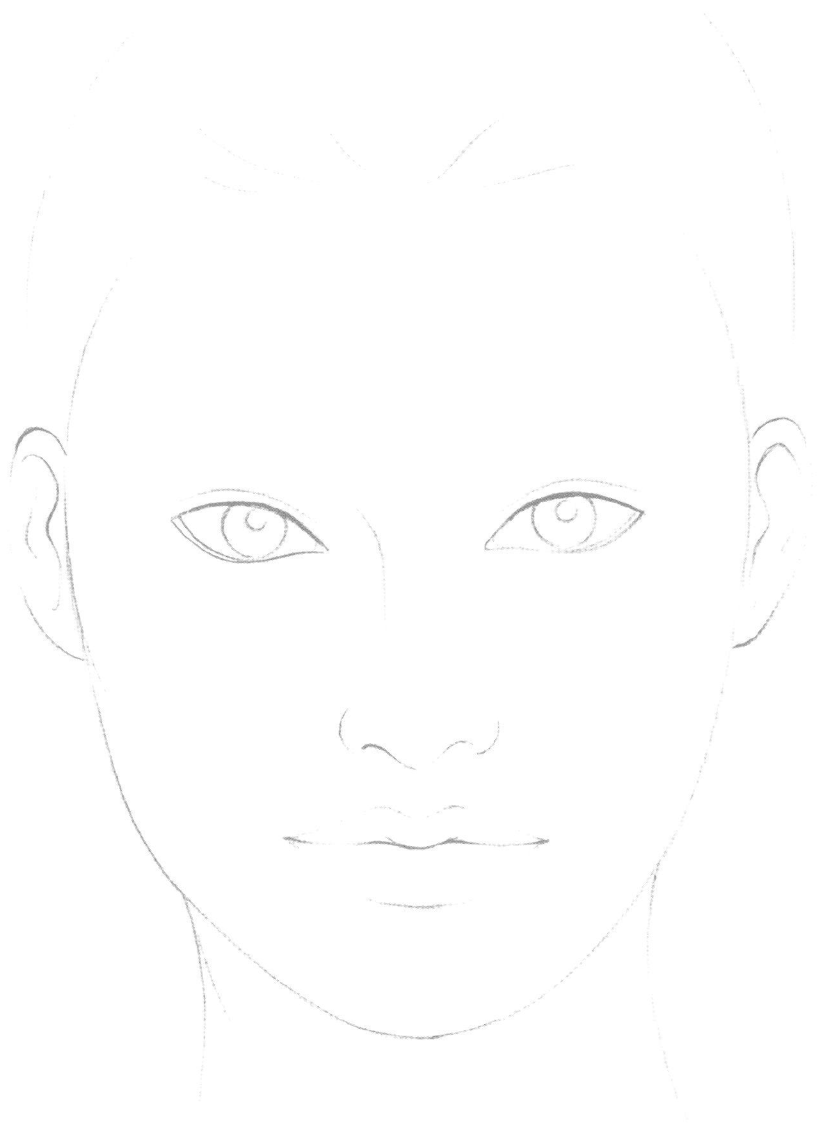

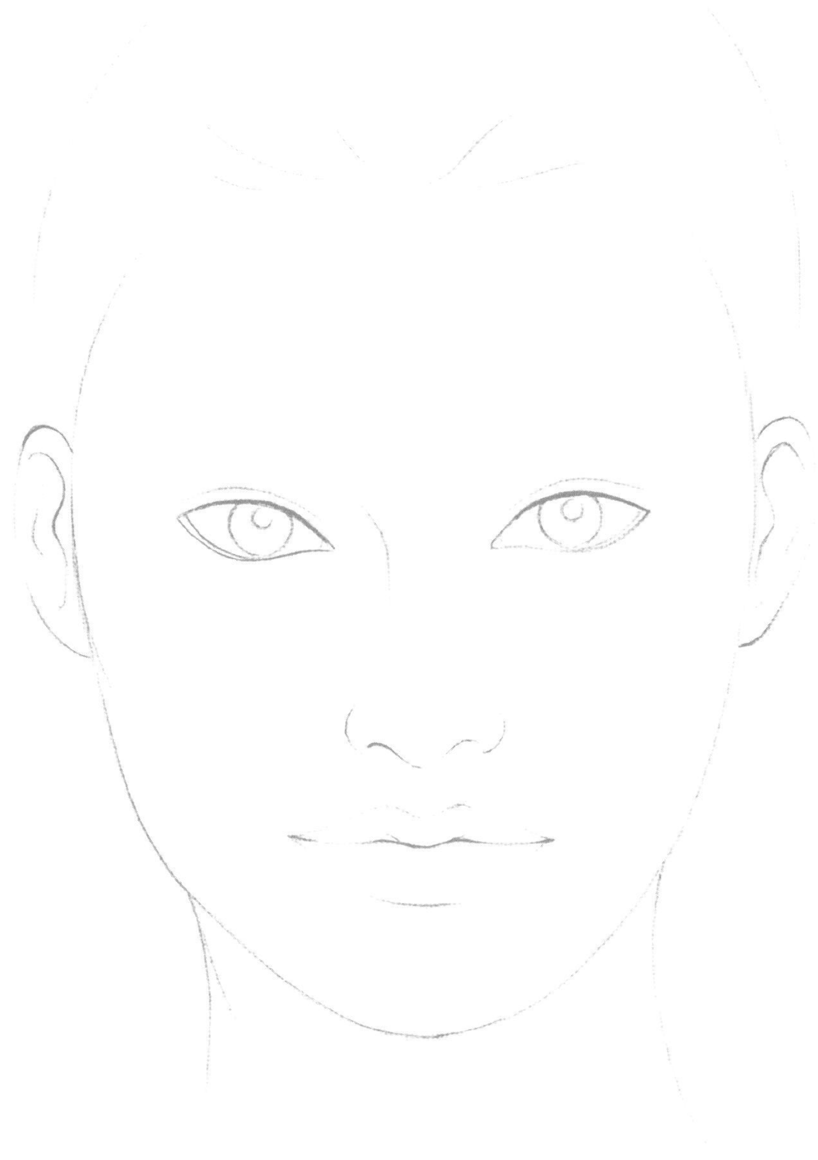

二、圓形臉型

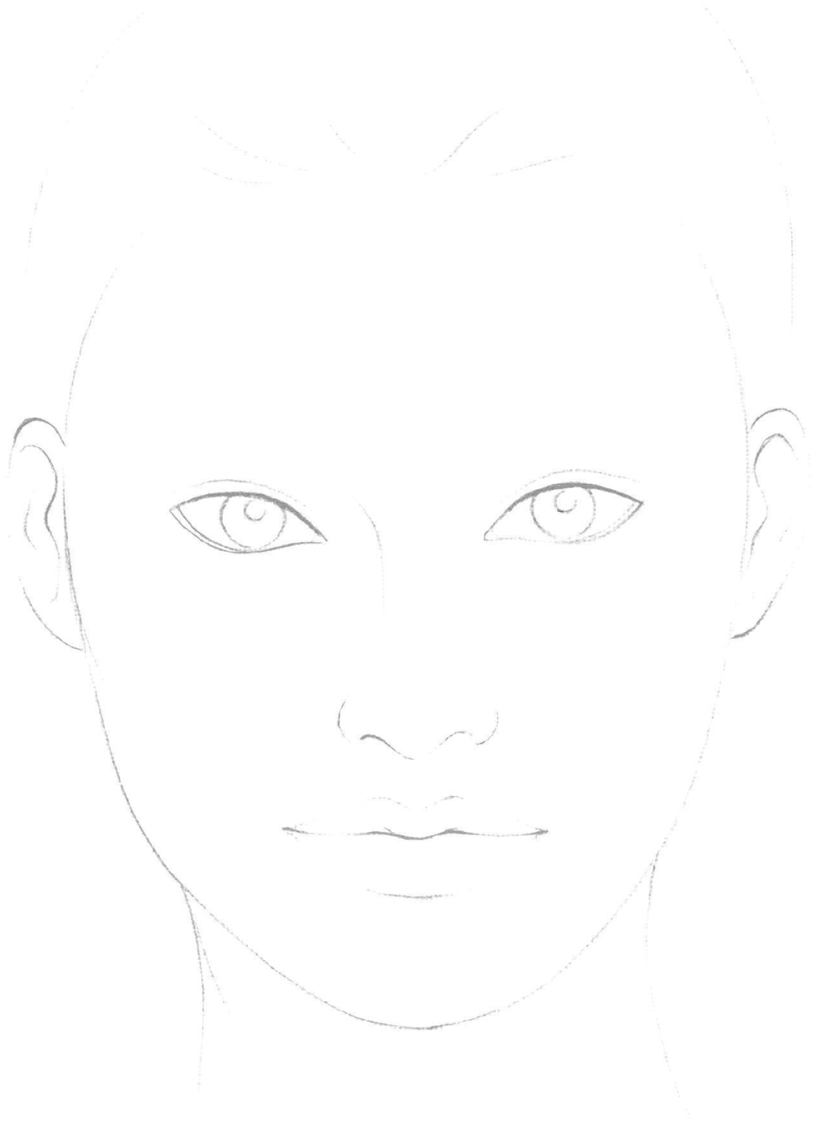

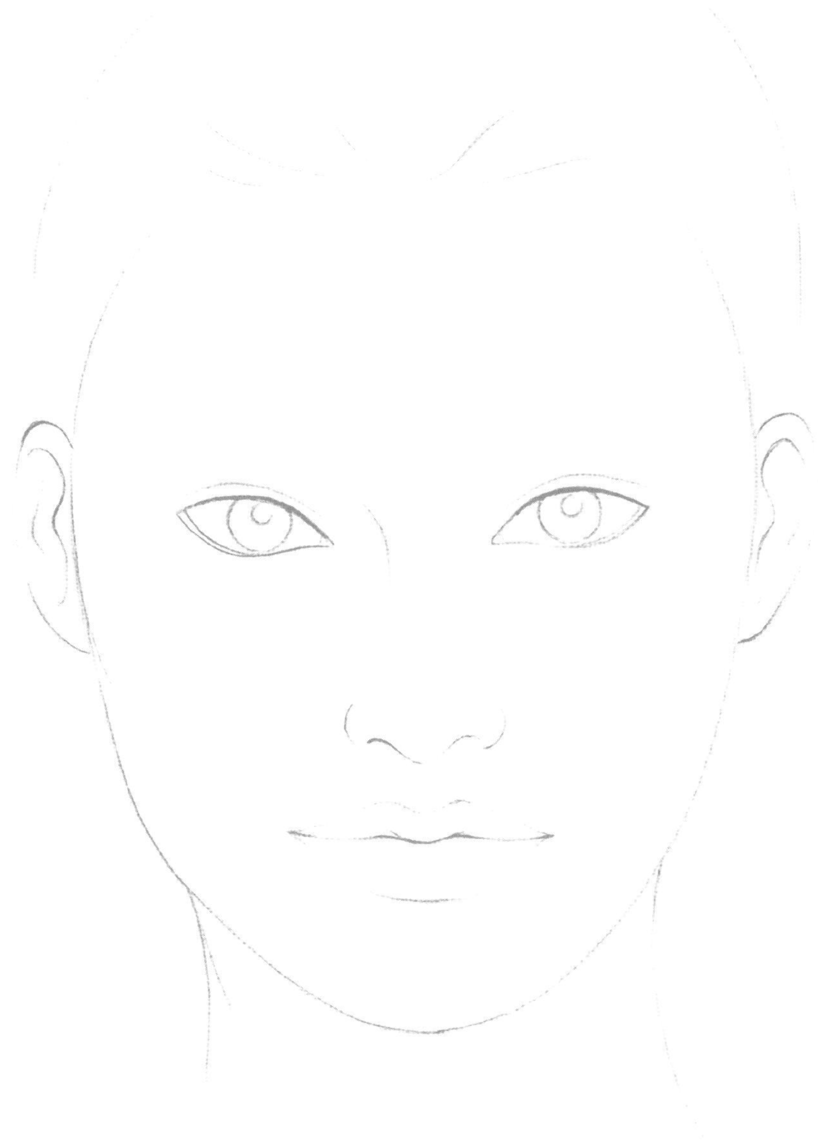

三・菱形臉型

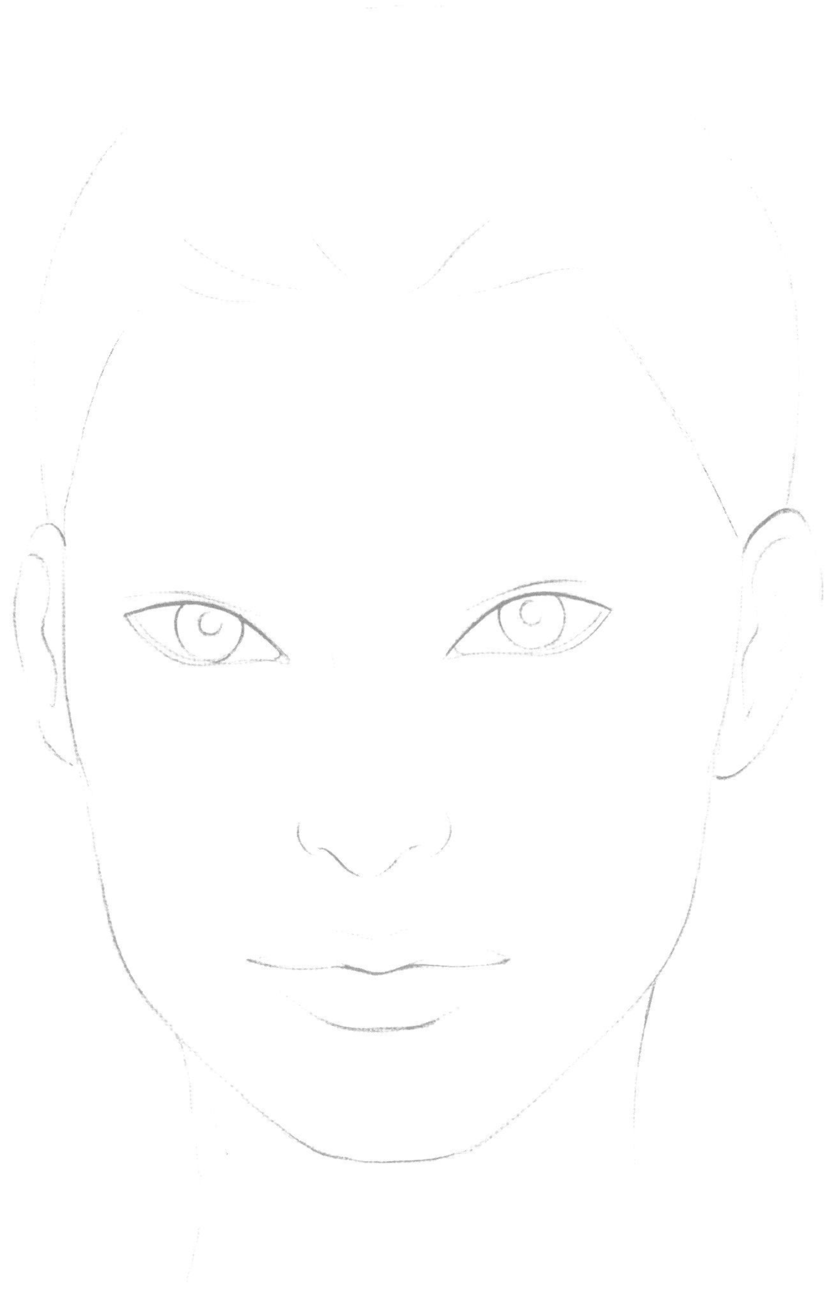

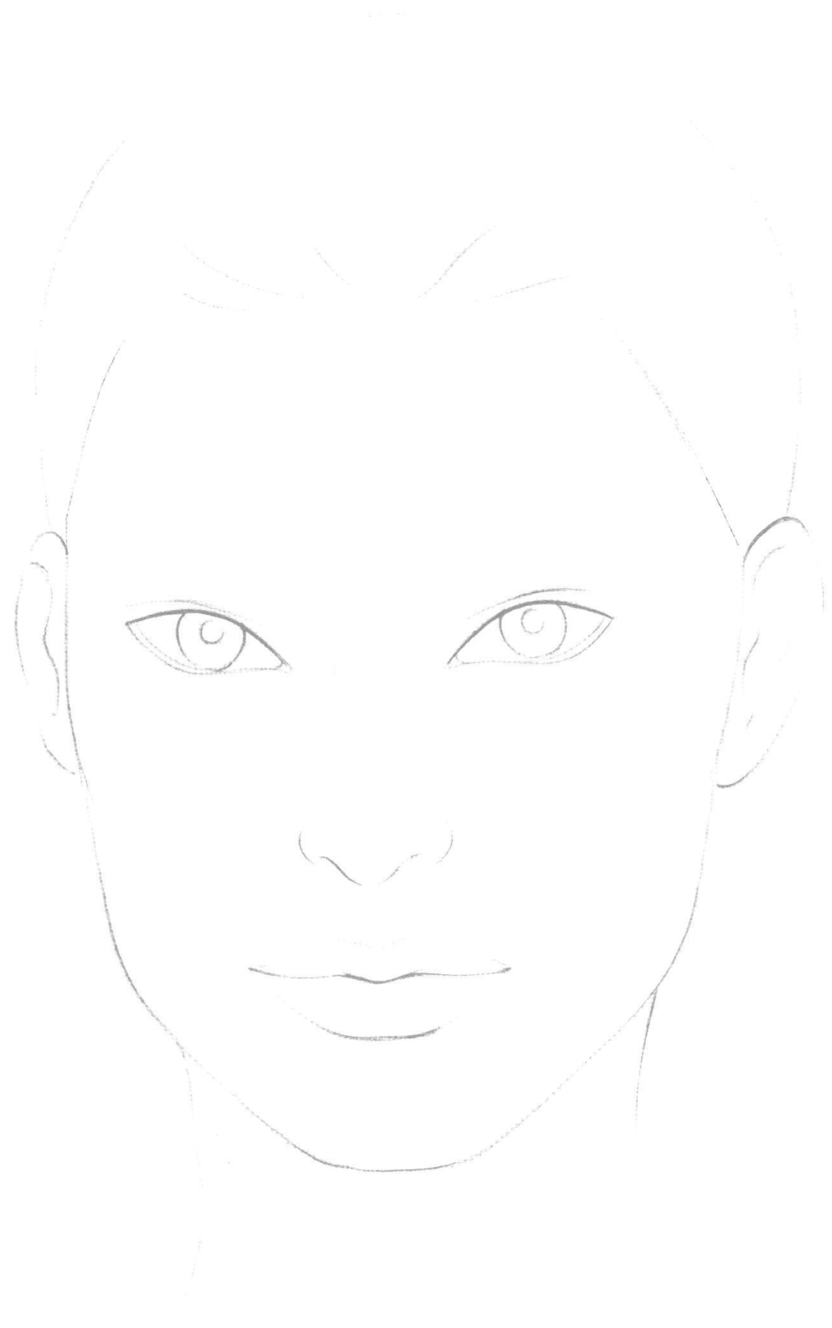

三・菱形臉型

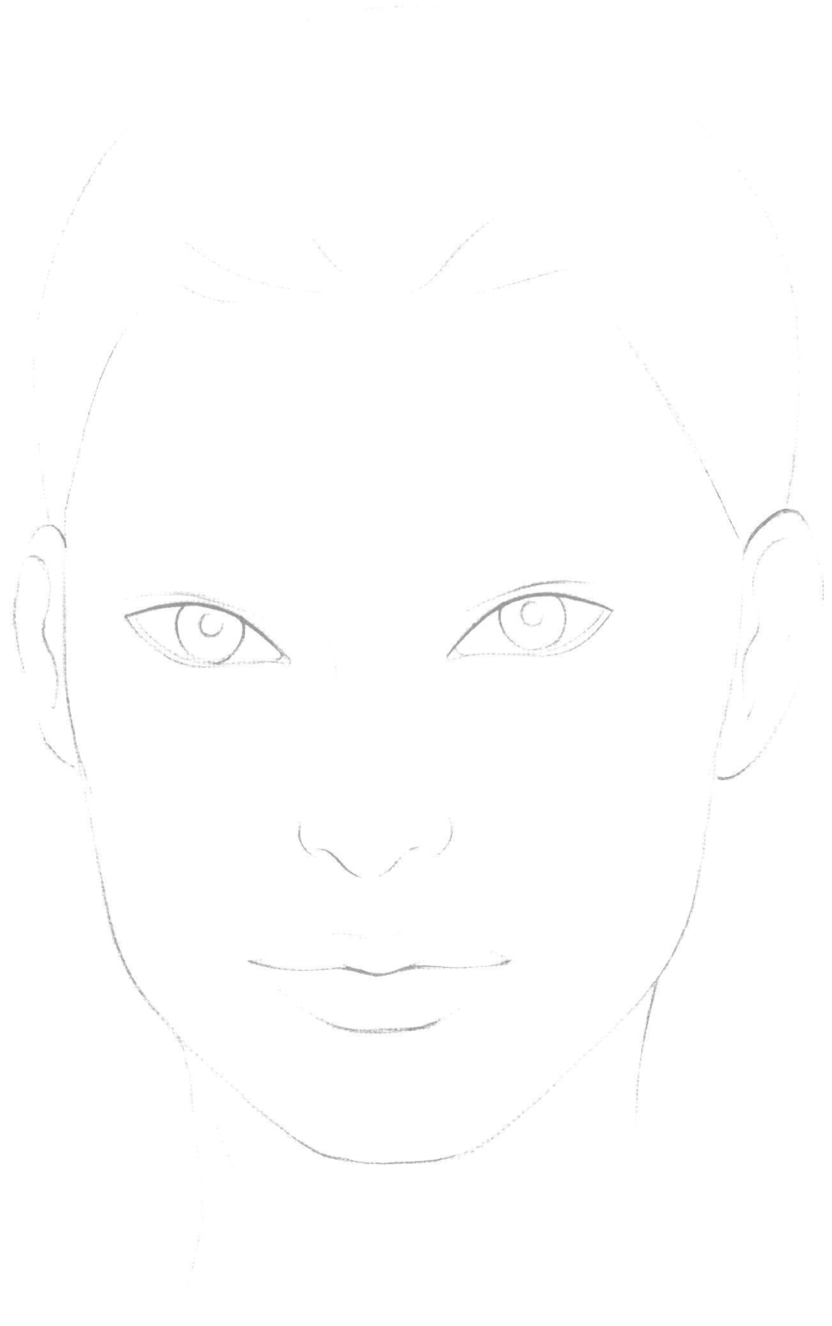

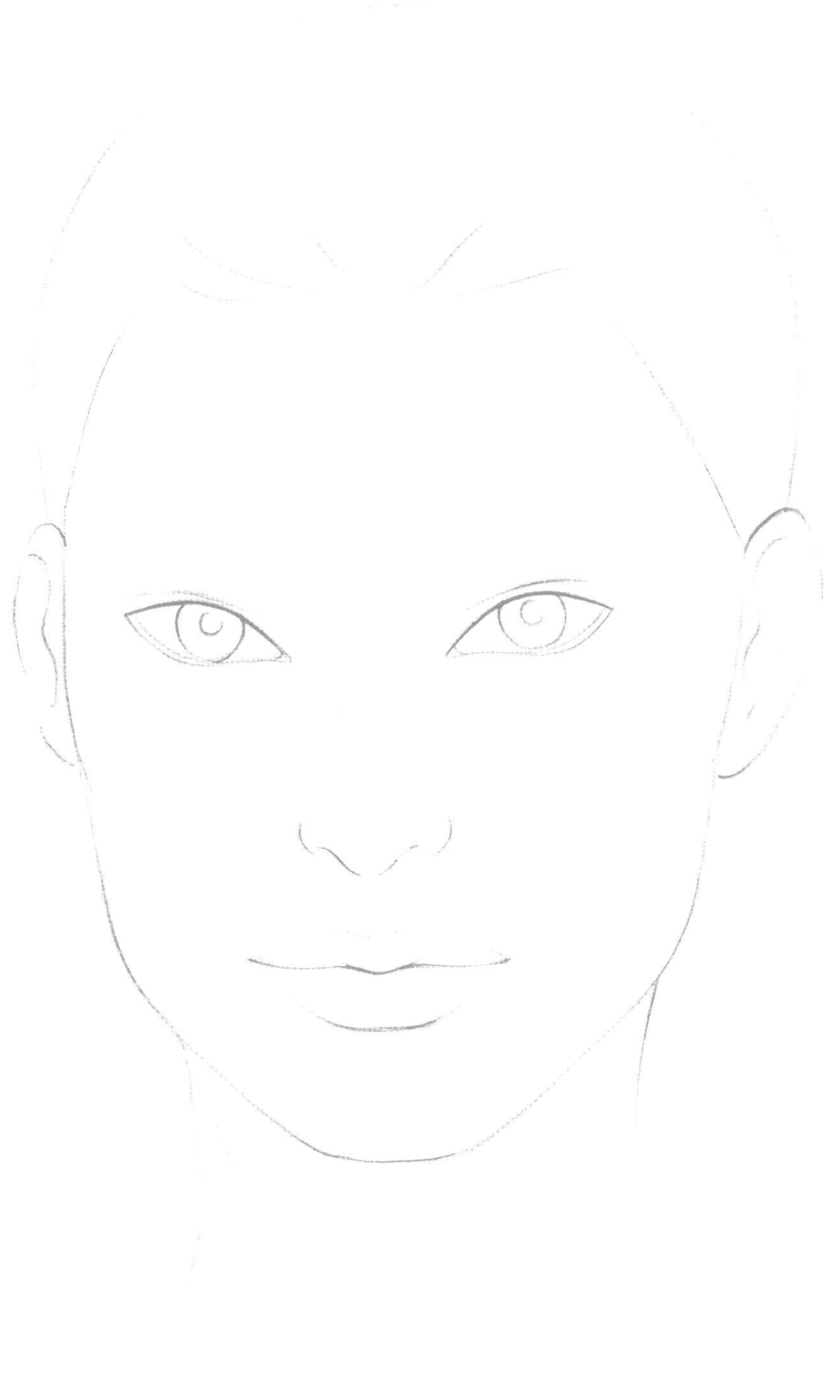

三・菱形臉型

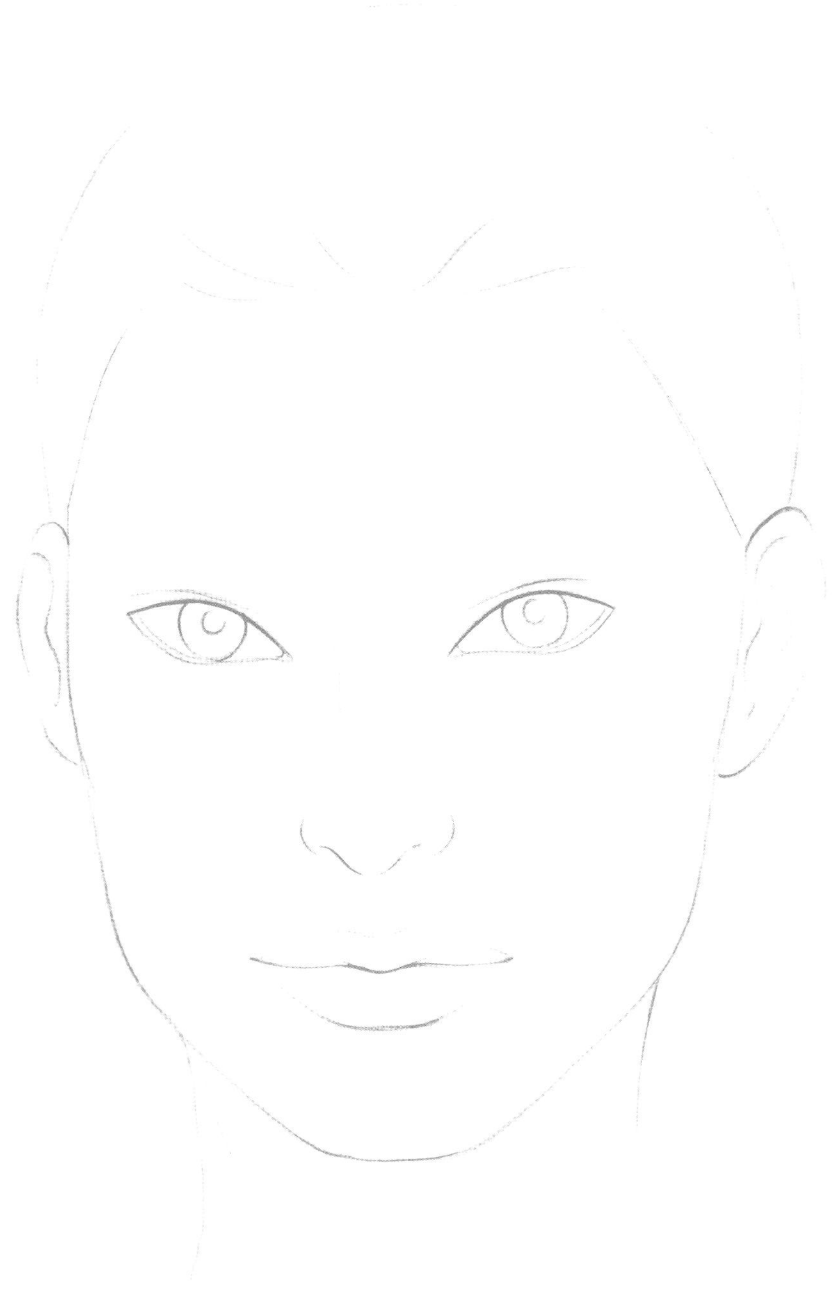

三・菱形臉型

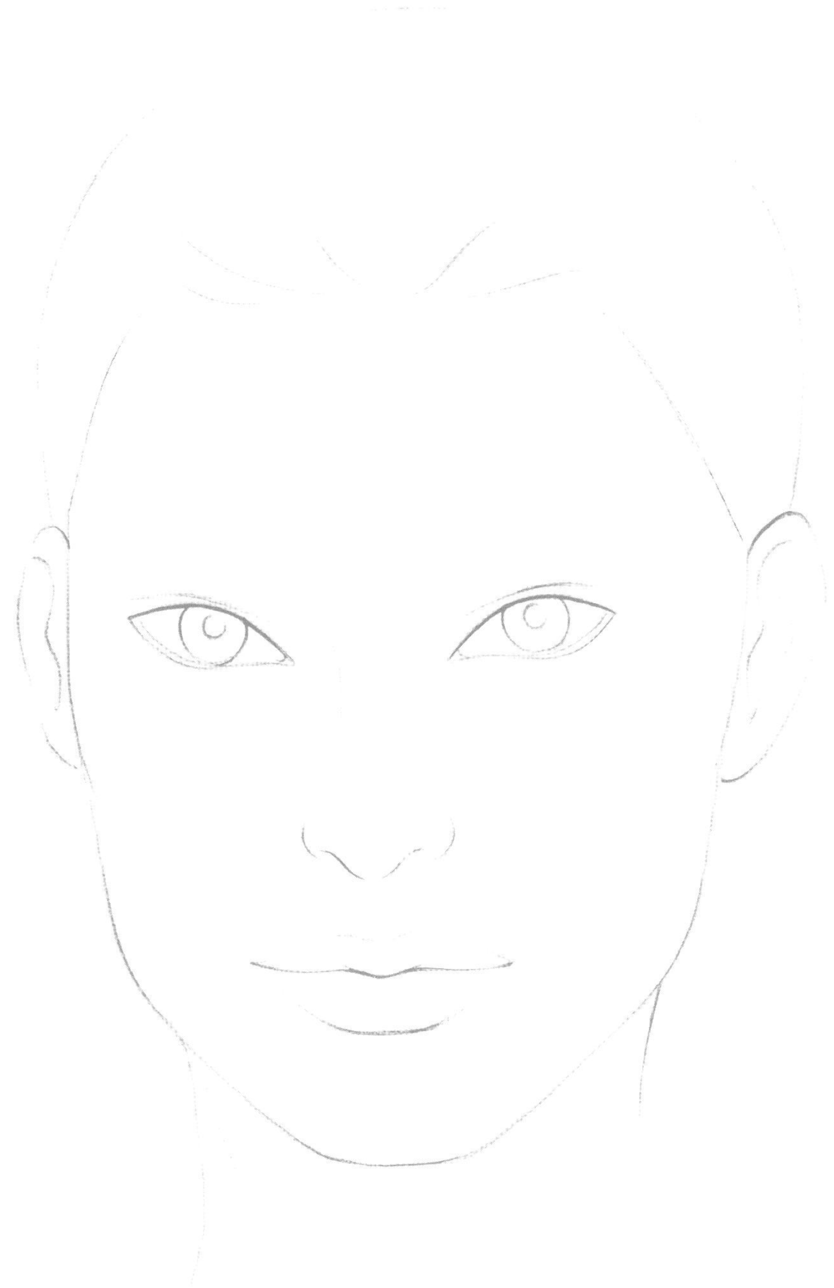

四・長形臉型

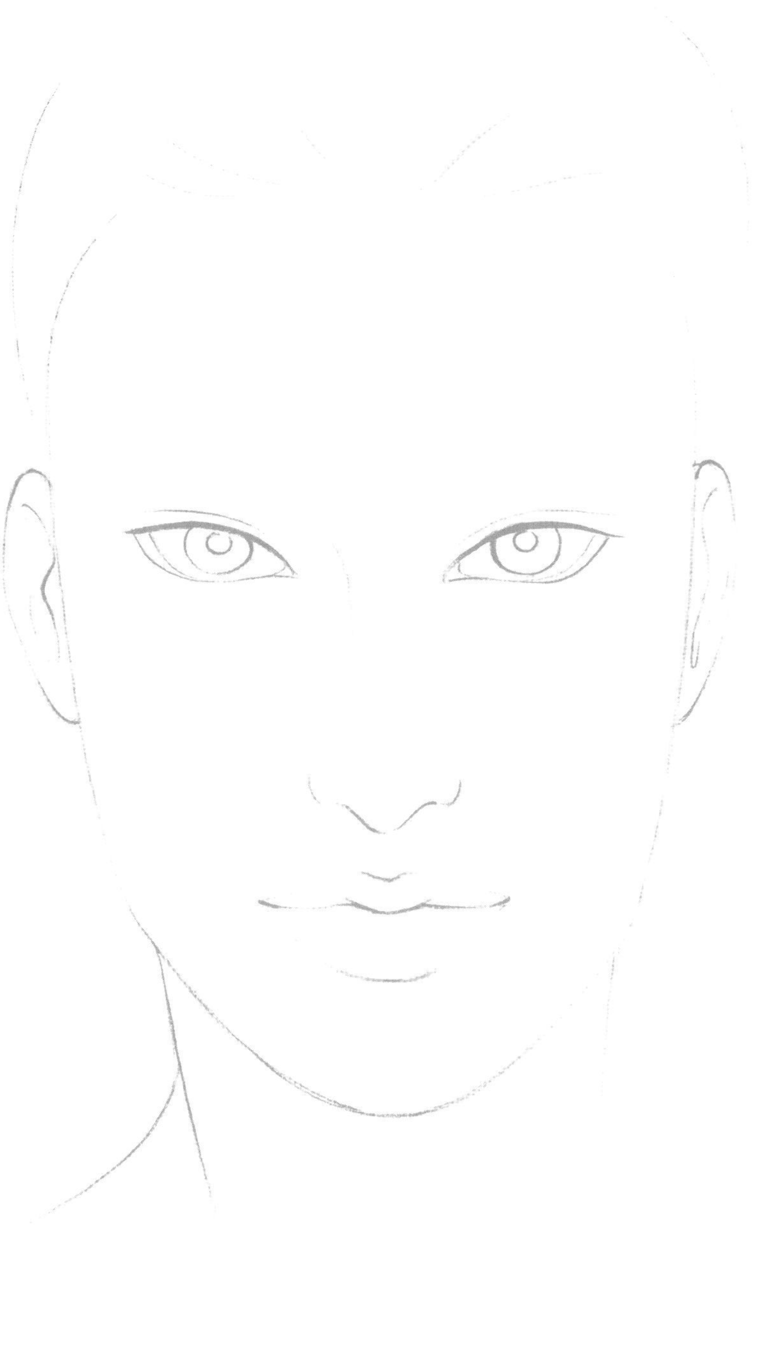

四．長形臉型

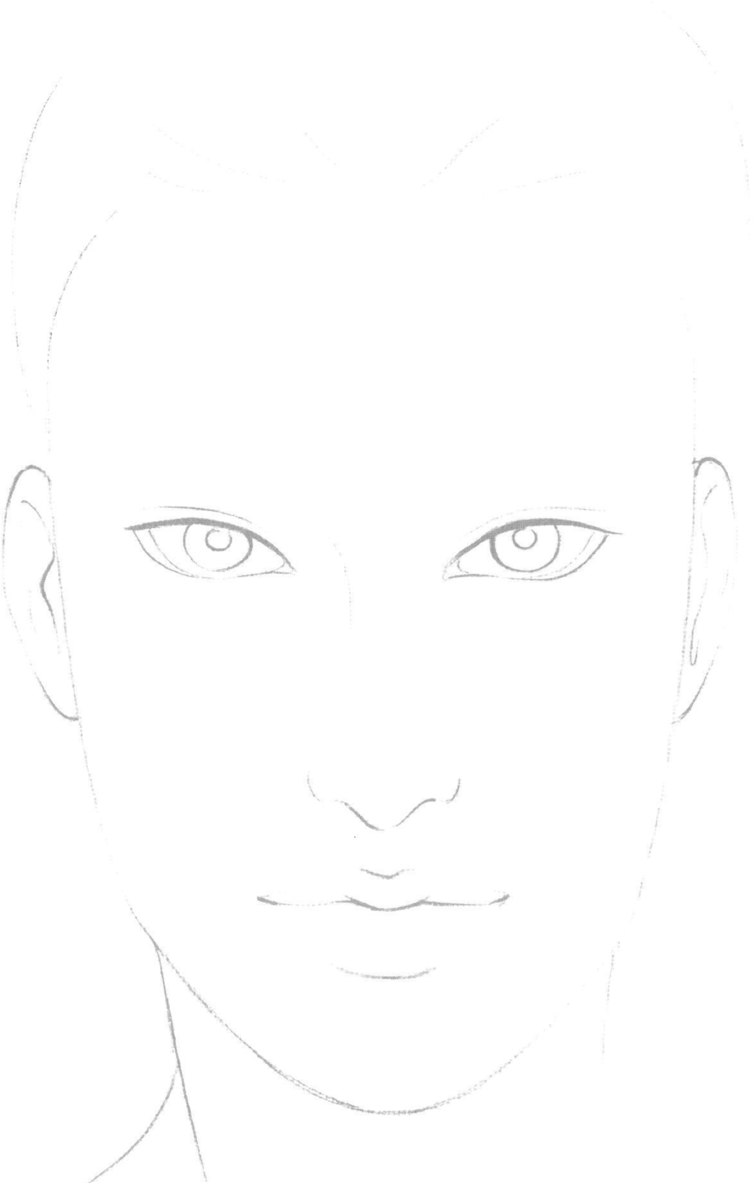

四・長形臉型

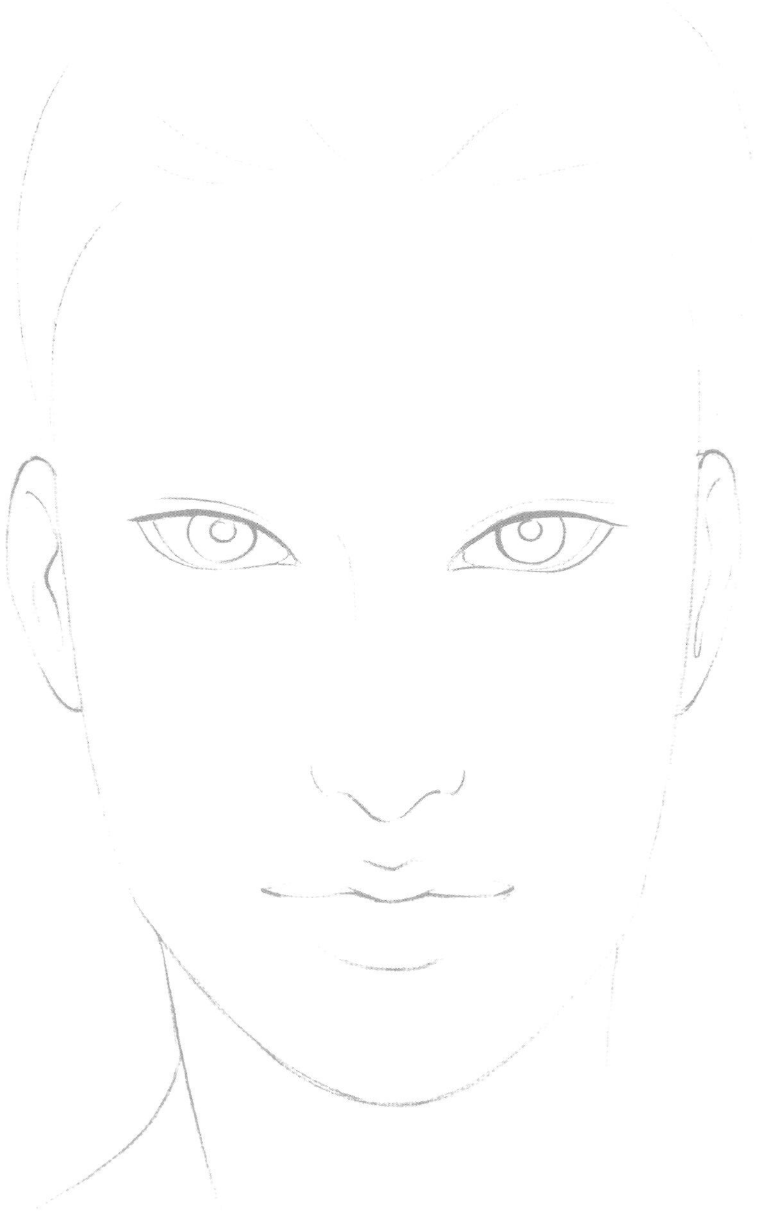

四・長形臉型

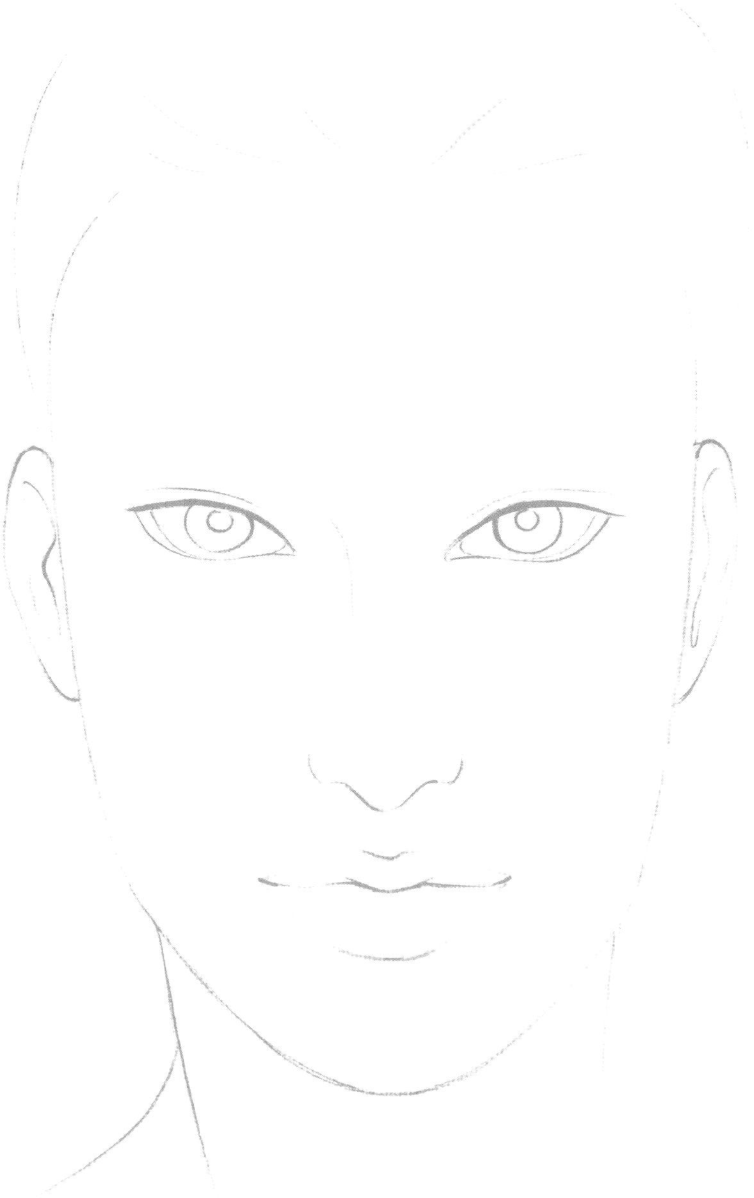

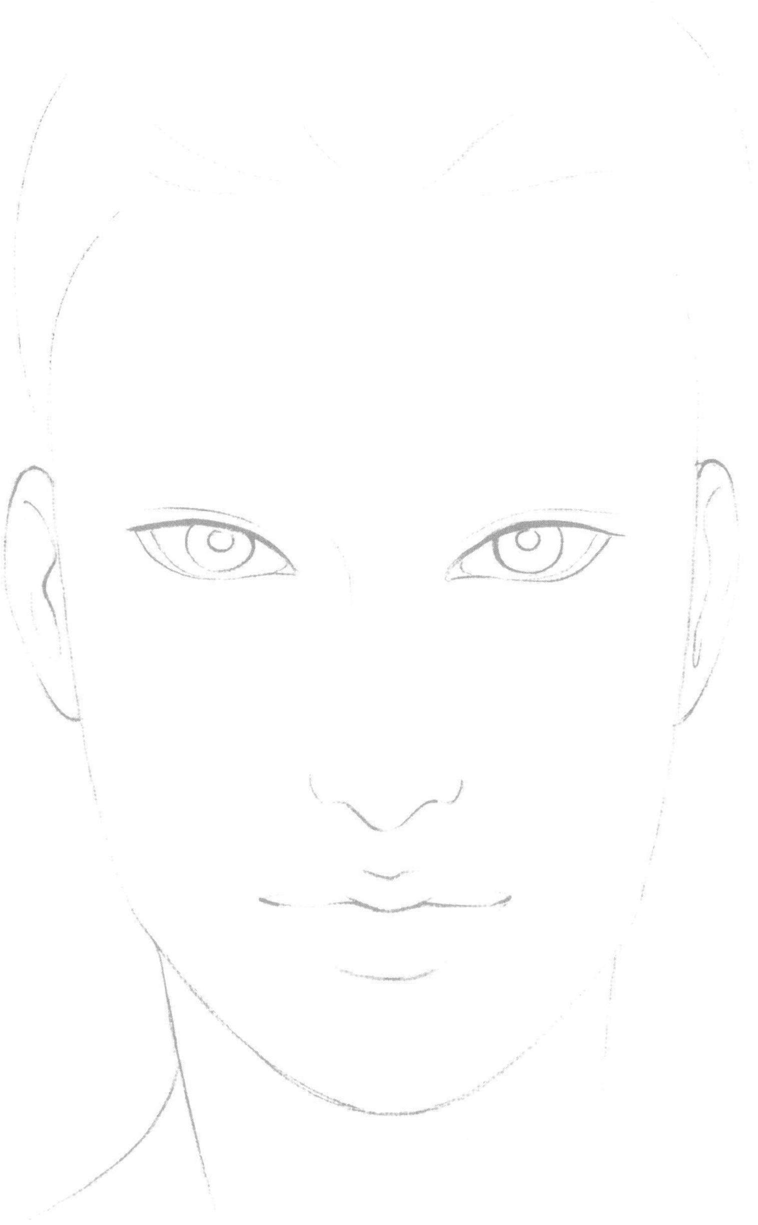

四・長形臉型

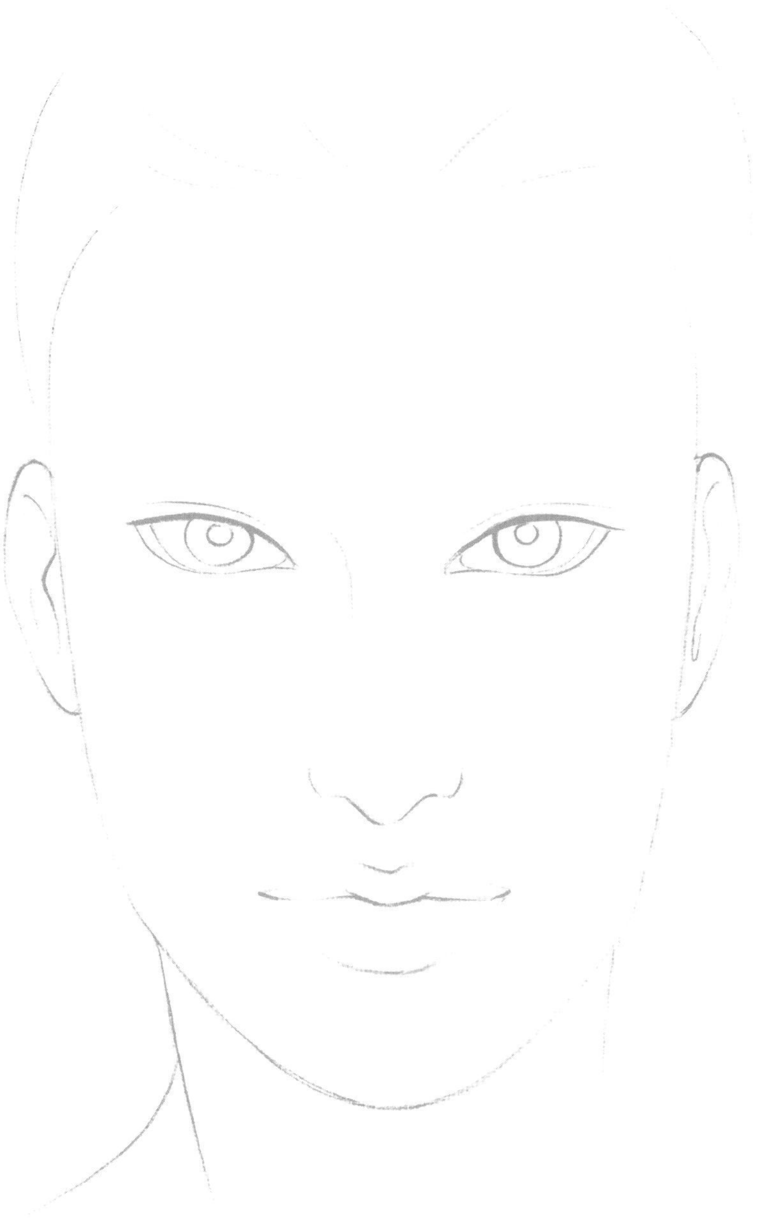

五・方形臉型

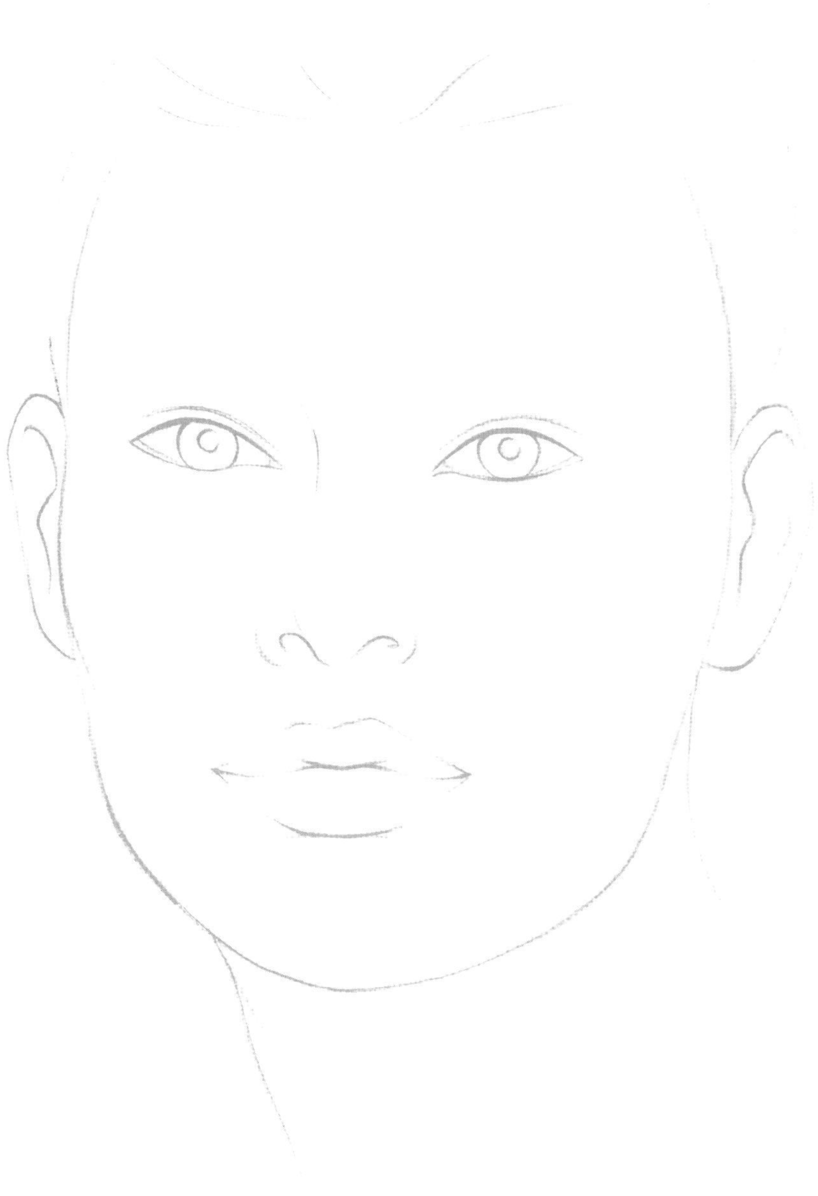

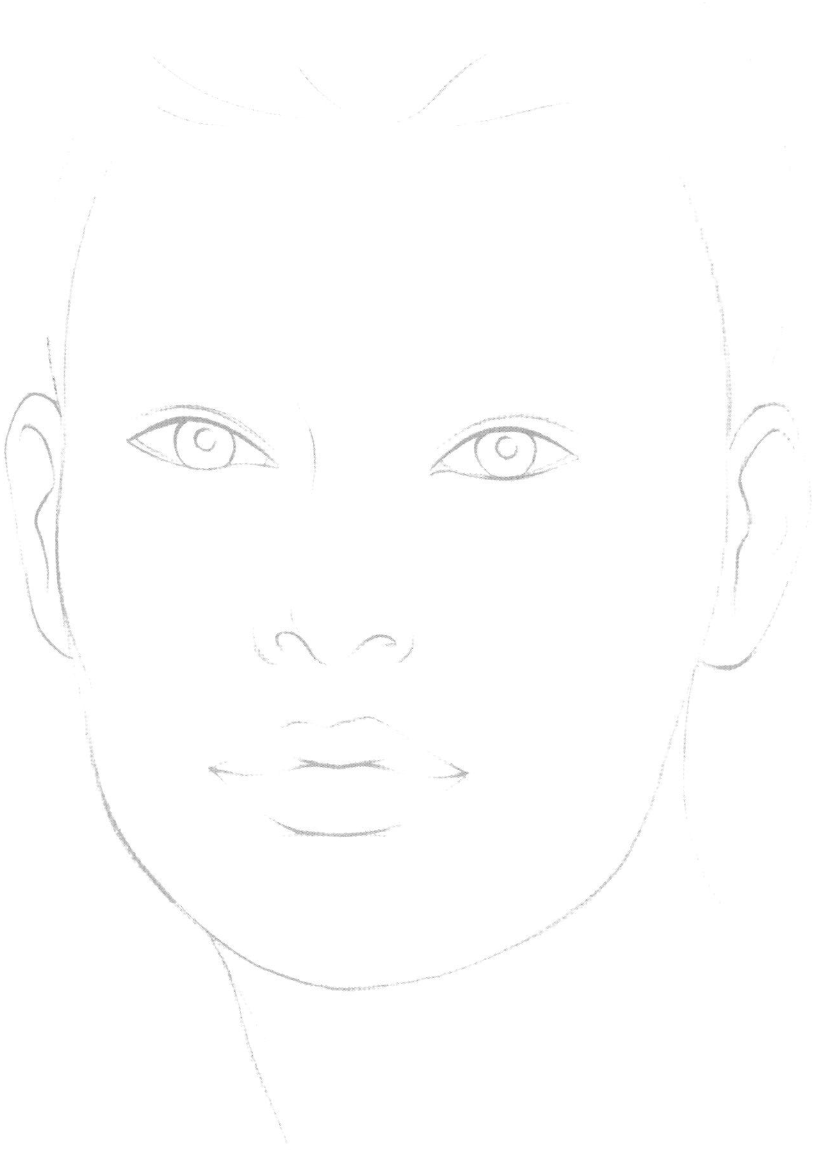

五・方形臉型

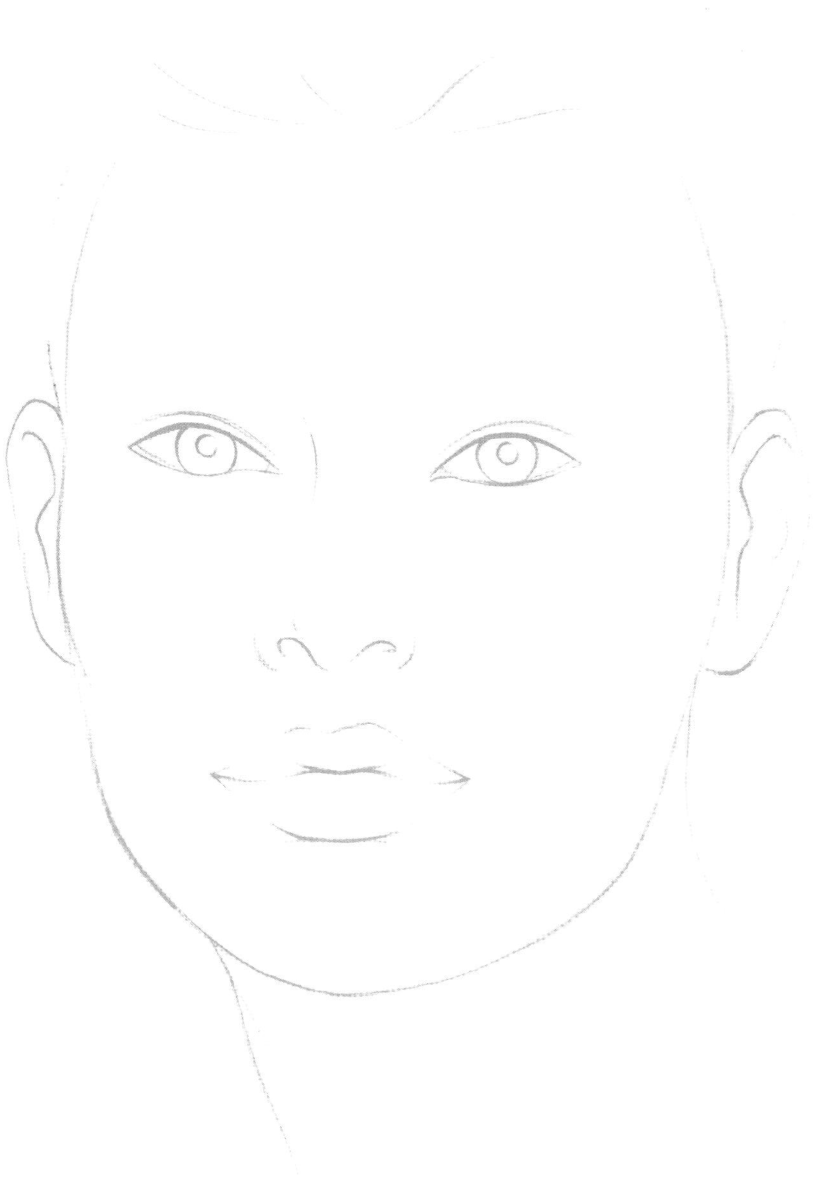

五・方形臉型

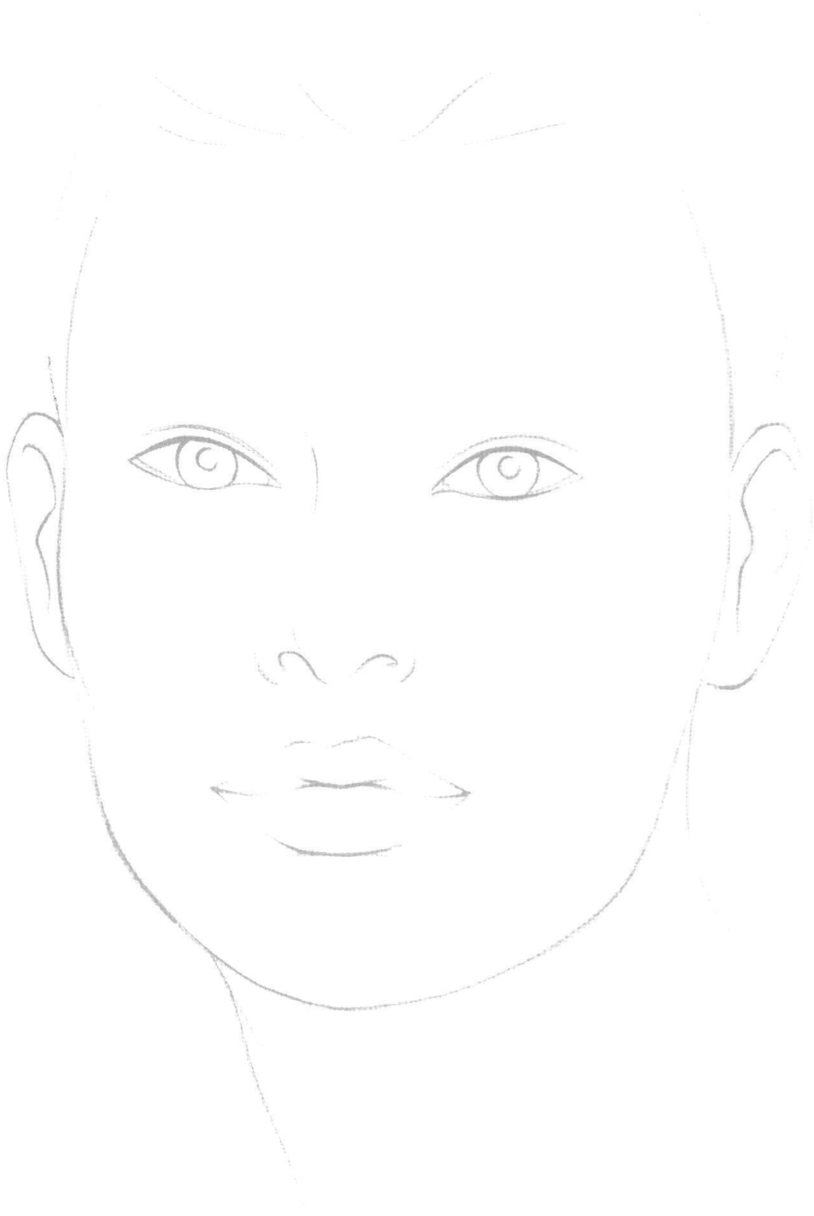

五・方形臉型

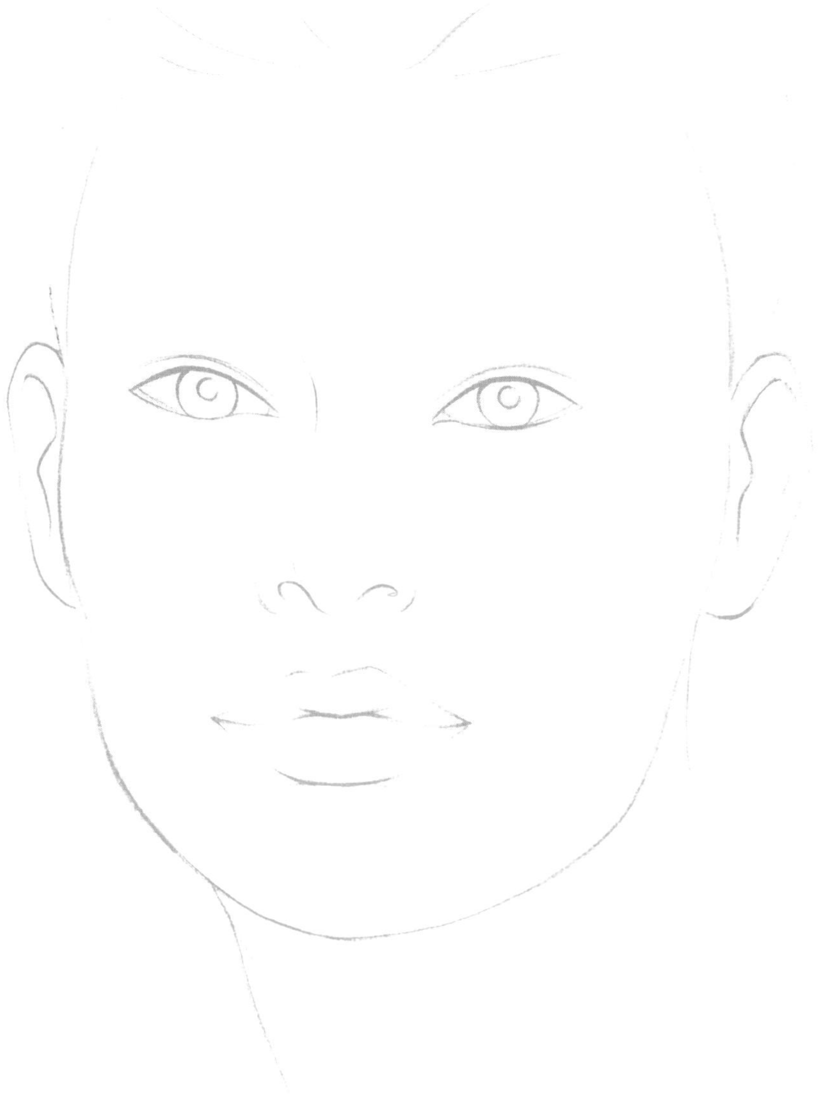

五．方形臉型

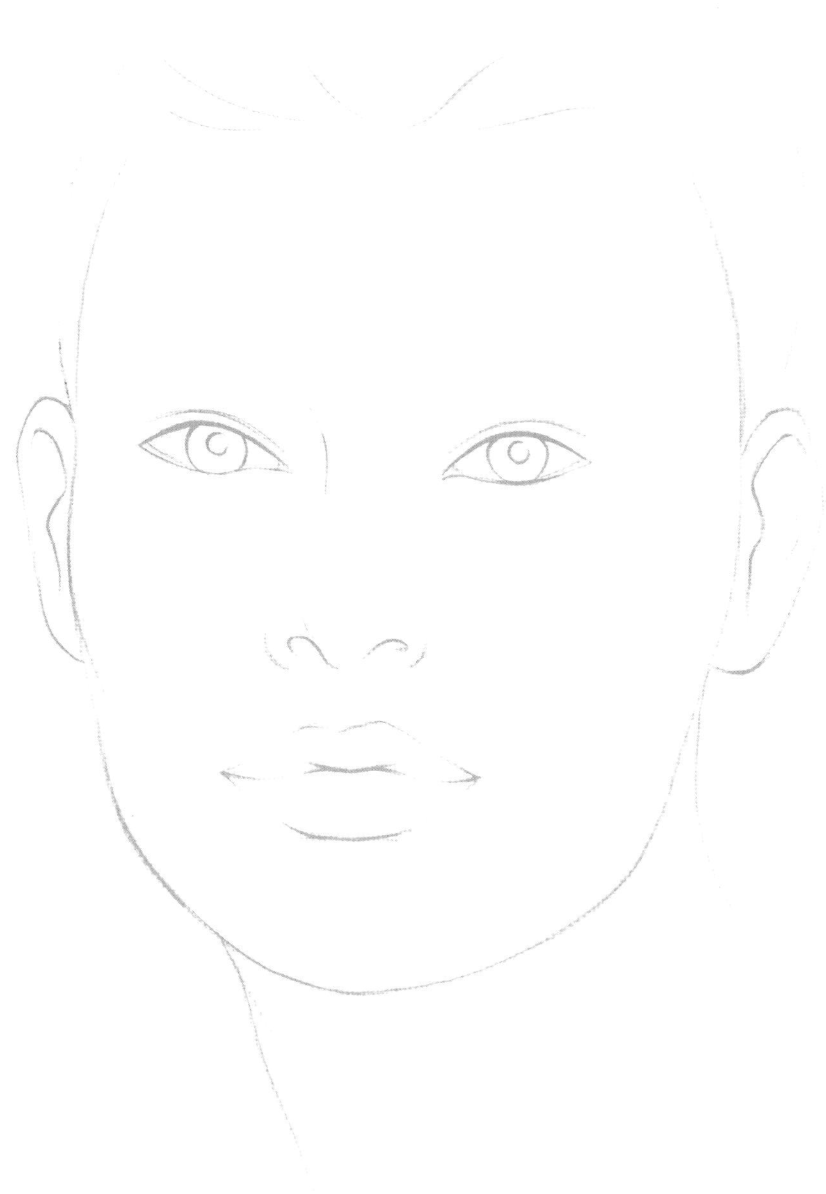

六・倒三角形臉型

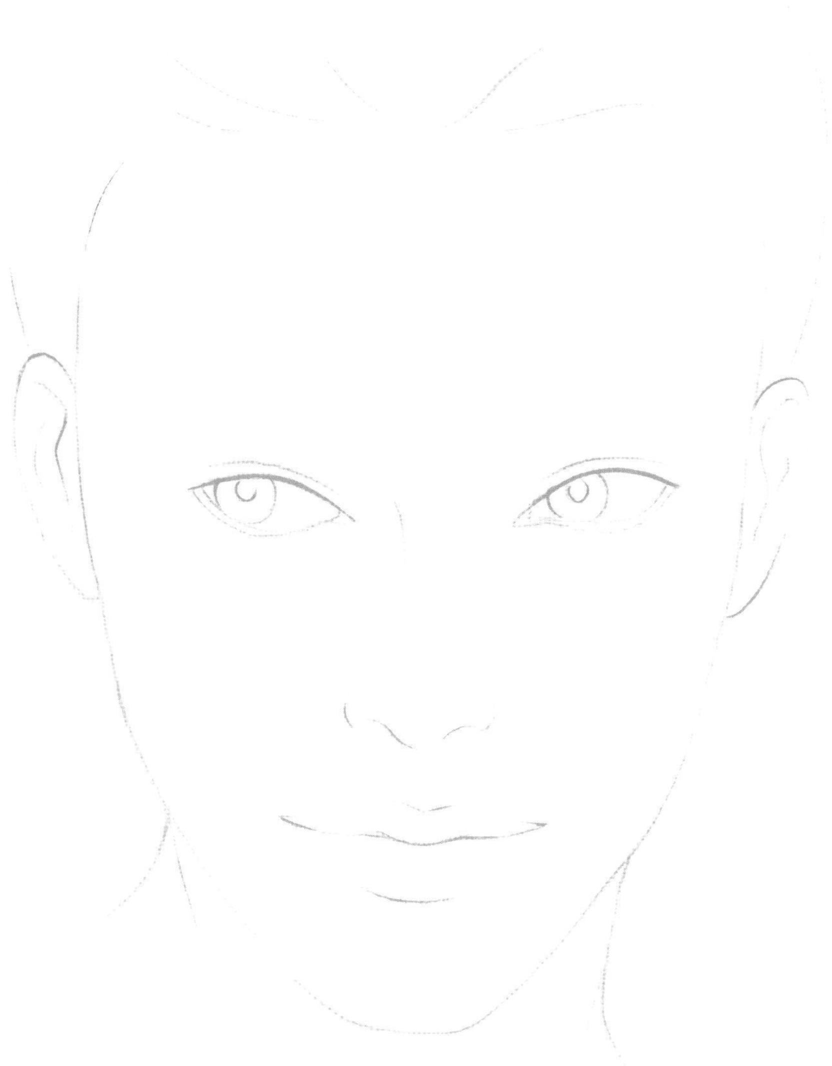

六・倒三角形臉型

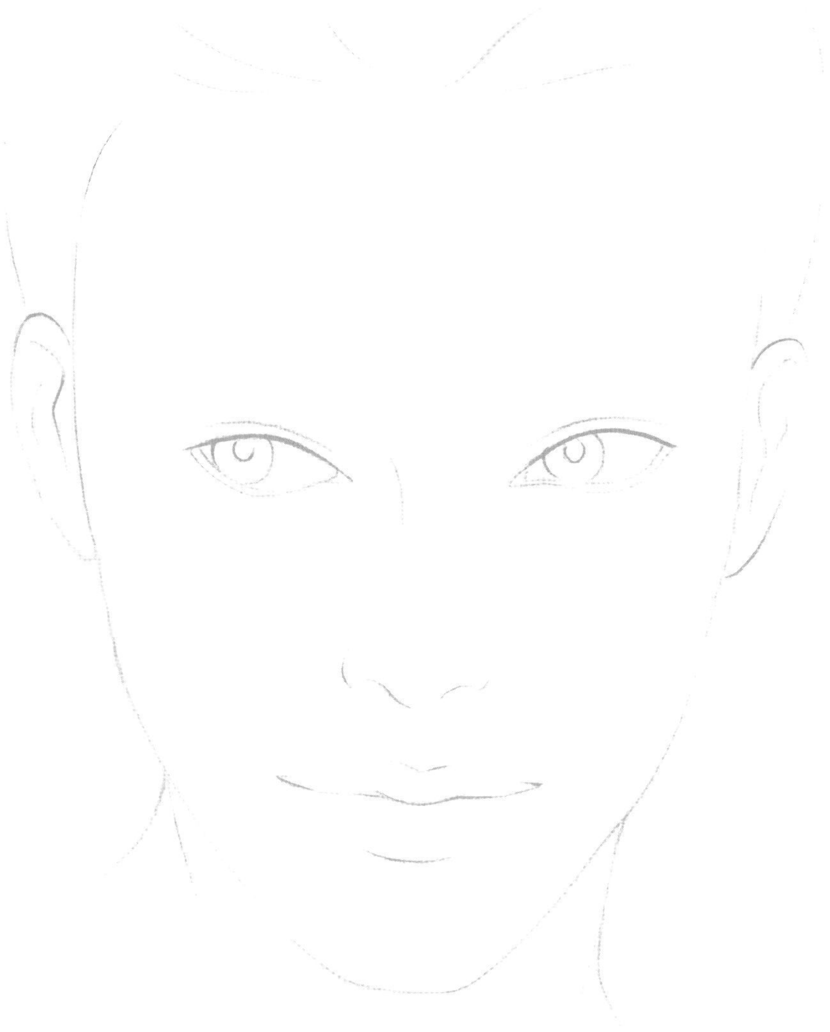

六・倒三角形臉型

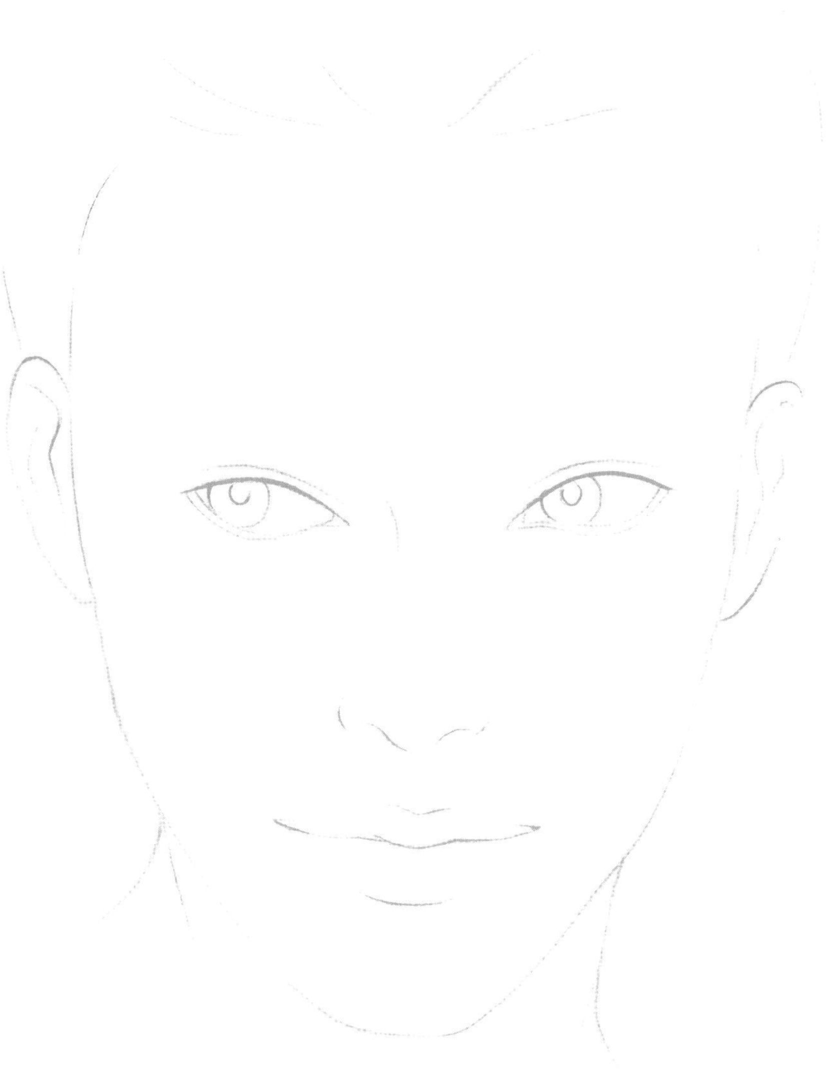

六・倒三角形臉型

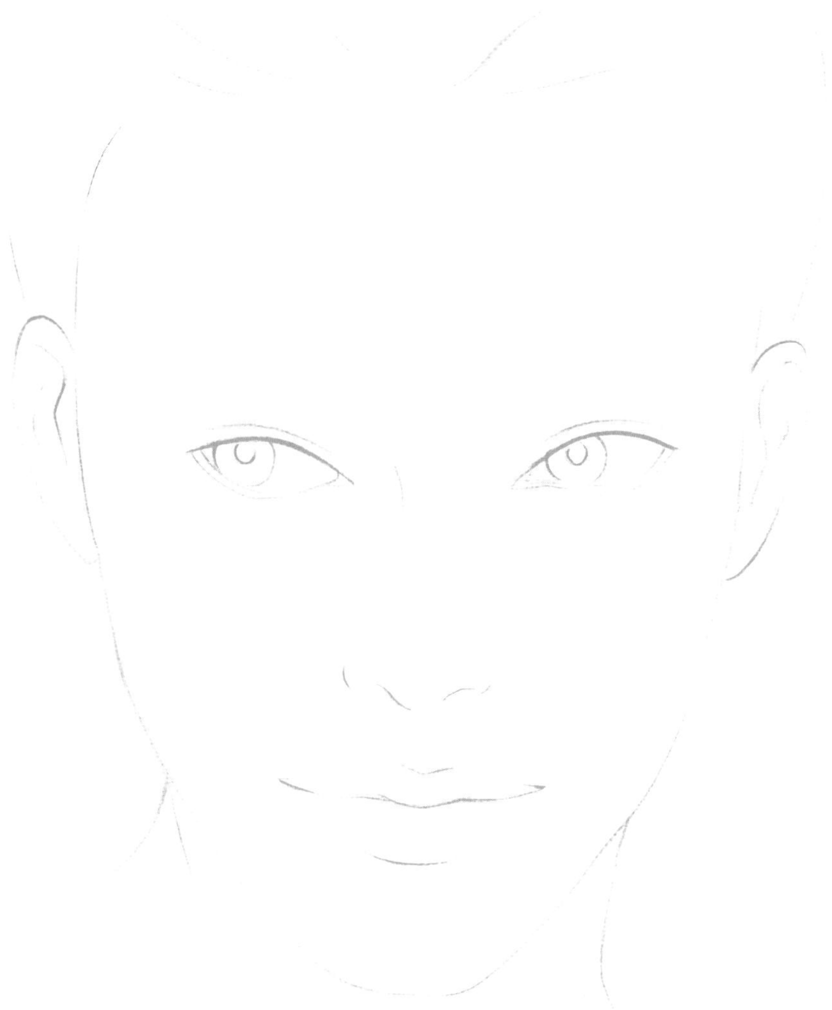

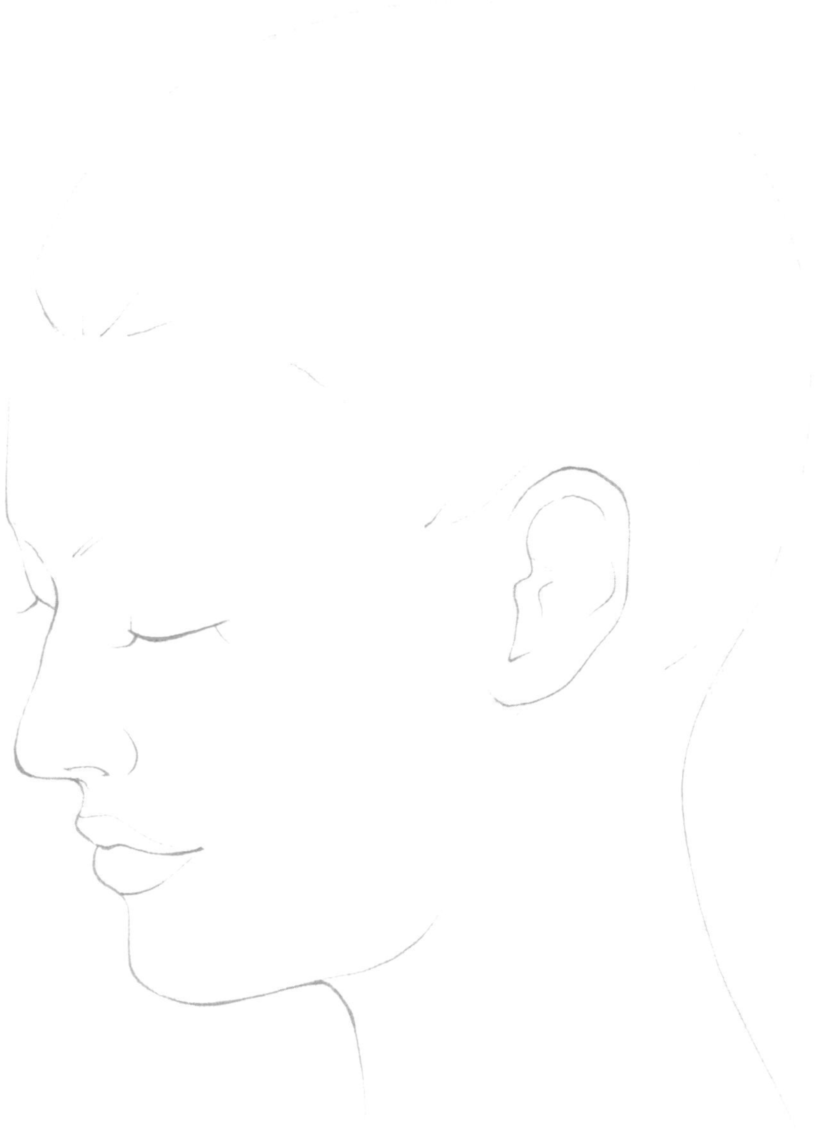

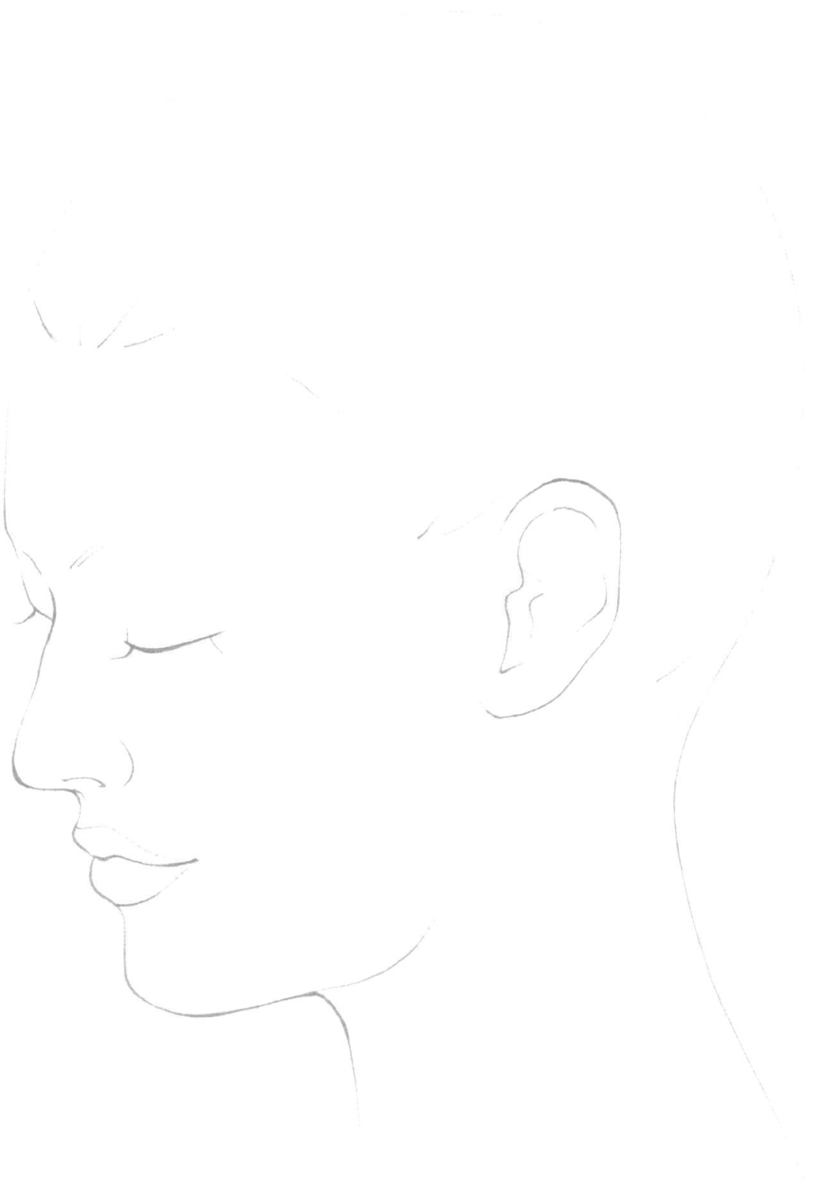

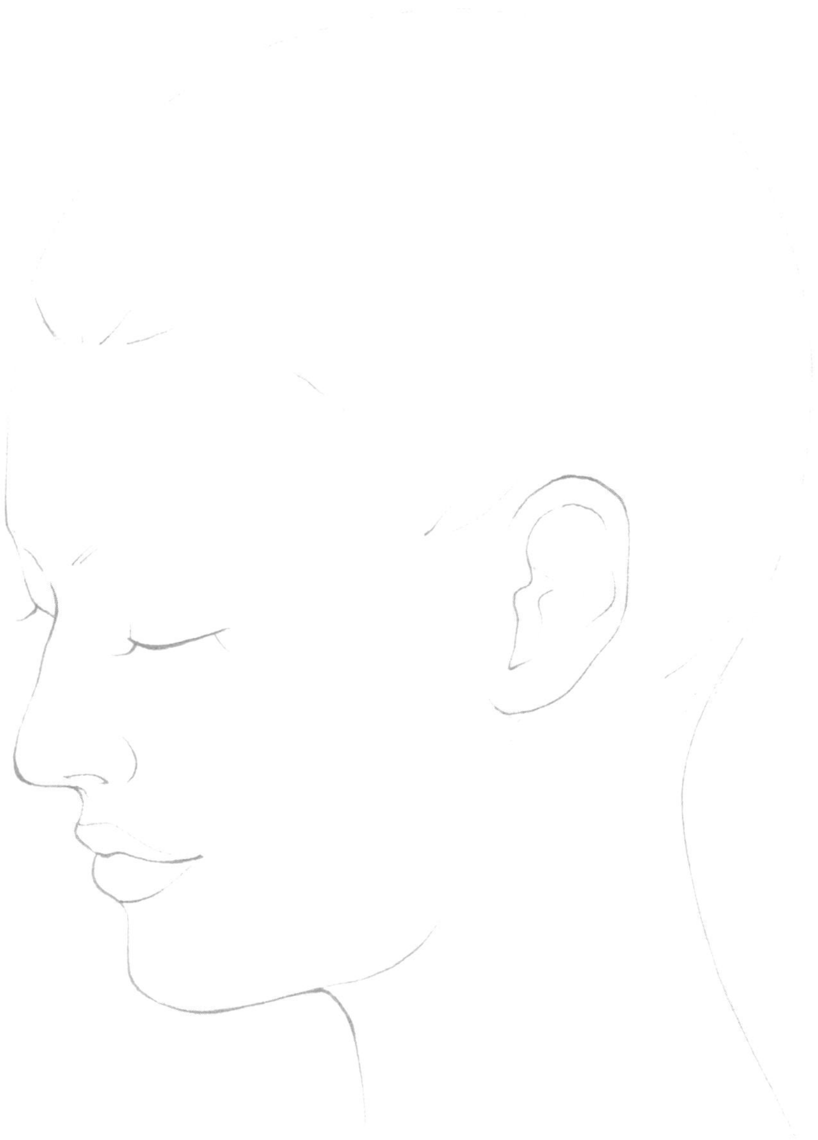

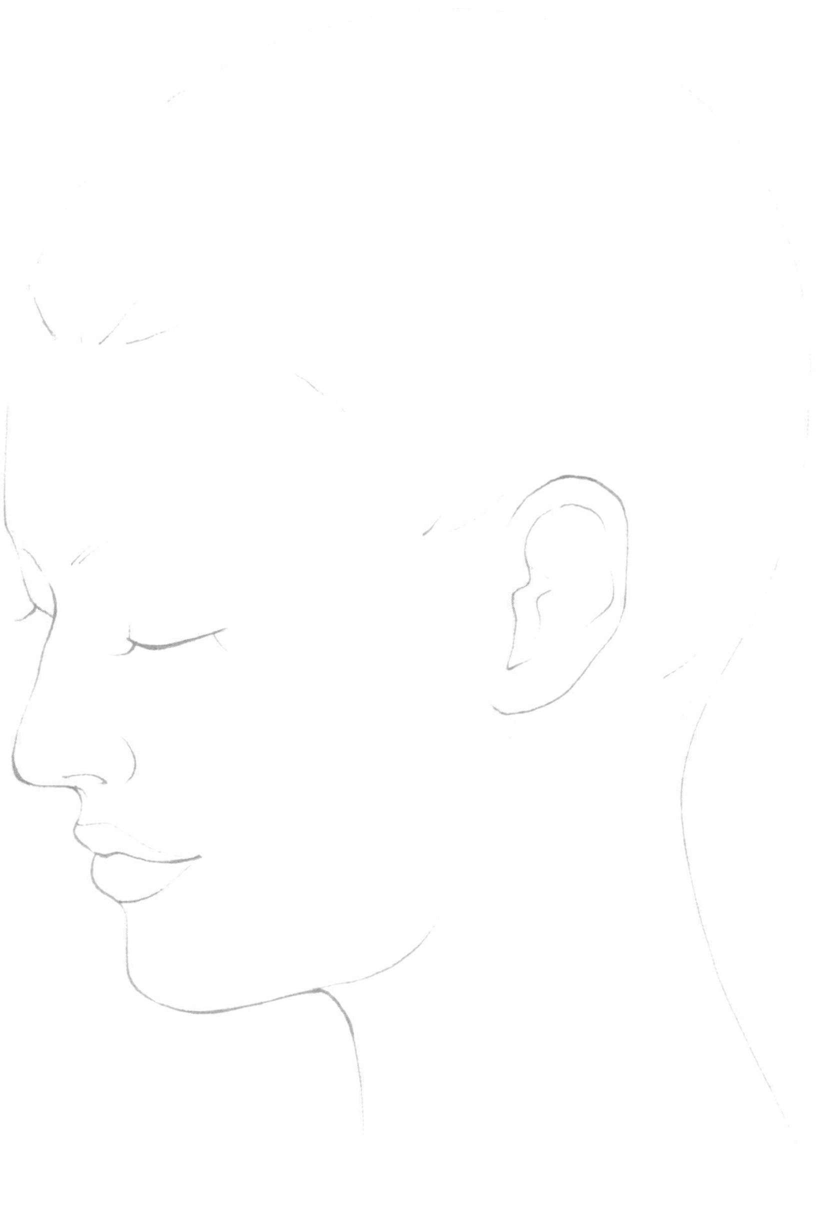

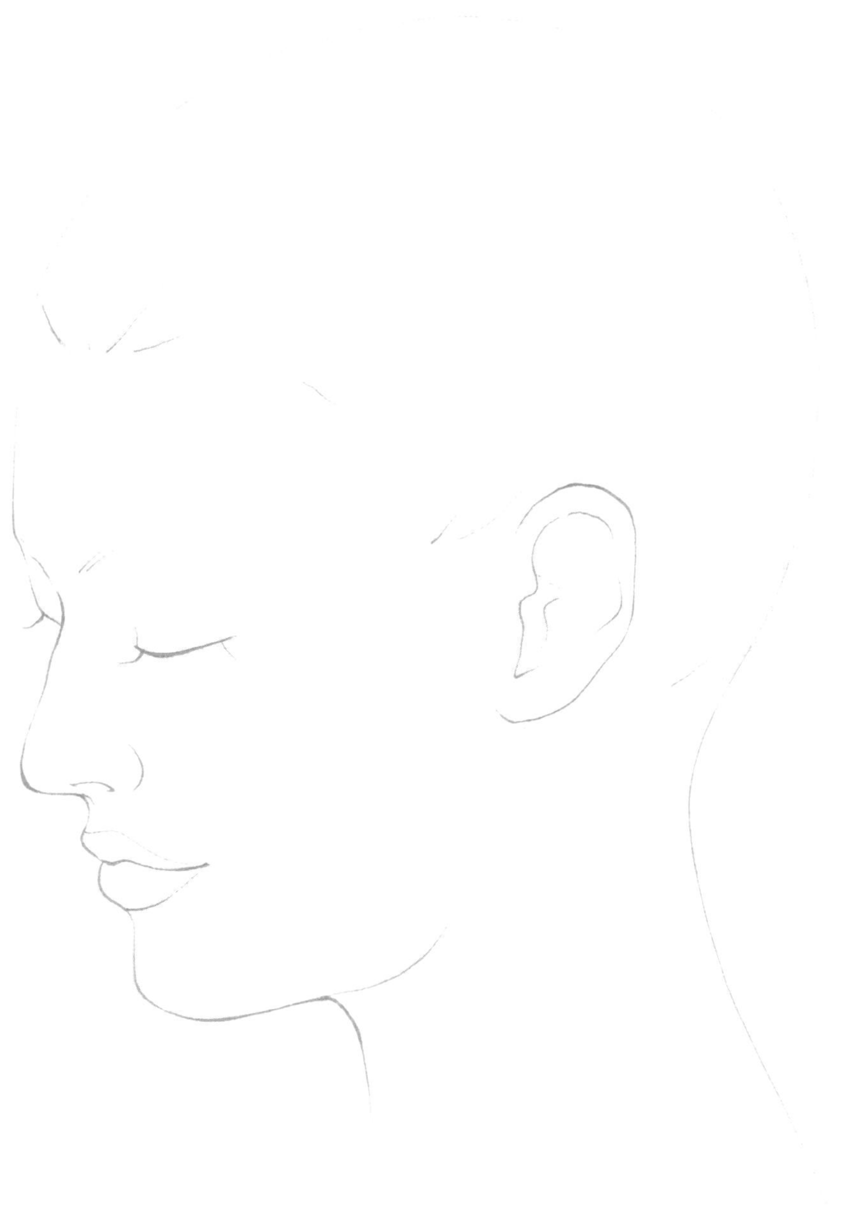

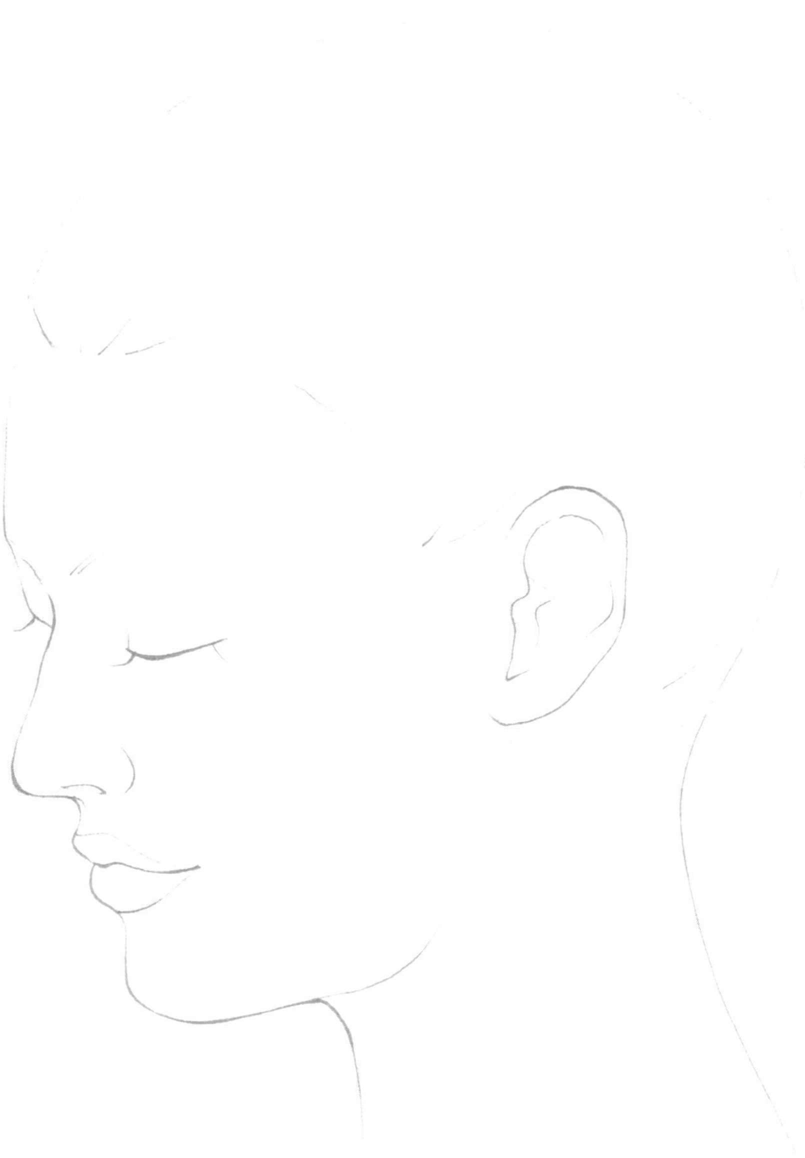